设计心理学

SHE JI XIN LI XUE

主　编：邹奇志
副主编：褚艳萍　刘　洋　姜　垚　秦春波
　　　　AmirReza Shahtahmassebi　王炳华
　　　　谢西丽　纪欣廷　刘　健

天津出版传媒集团

天津科学技术出版社

图书在版编目（CIP）数据

设计心理学 / 邹奇志主编． -- 天津 ： 天津科学技术出版社，2025.3． -- ISBN 978-7-5742-2975-4

Ⅰ．TB47-05

中国国家版本馆 CIP 数据核字第 2025C3E836 号

设计心理学

SHEJI XINLIXUE

责任编辑：刘　鸫

责任印制：兰　毅

出　　版：	天津出版传媒集团 天津科学技术出版社
地　　址：	天津市和平区西康路35号
邮　　编：	300051
电　　话：	（022）23332377
网　　址：	www.tjkjcbs.com.cn
发　　行：	新华书店经销
印　　刷：	定州启航印刷有限公司

开本 787×1092　1/16　印张 14.25　字数 230 000
2025年3月第1版第1次印刷
定价：98.00元

前 言

在现代社会高速发展的背景下,设计不再只是美学的修辞,而是心理学、技术与文化的交会点。长期以来,许多人认为设计仅关乎视觉形式和功能,事实上,其比较复杂。为什么某些空间能让人感到放松,而另一些却令人焦虑?为什么同样的产品在不同市场的用户接受度天差地别?为什么某些界面让人一用就会,而另一些却让人抓狂?这些问题的答案都隐藏在设计心理学之中。

设计心理学不是"让设计变得更好看"或"提高用户体验"这么简单,而是探索人类感知、情感、认知和行为如何影响设计的科学。它让设计师不再依赖经验和直觉,而是借助心理学原理来创造更符合人性、满足真实需求的空间、产品和交互方式。本书基于这一理念,致力弥合理论与实践之间的鸿沟,为环境艺术设计、建筑设计、产品设计等领域的学生、研究者和从业人员提供一套系统化、科学化的设计方法。

本书的独特之处在于,它不仅关注感知、认知、情感与行为等心理学基础,还深入探讨文化背景、社会心理、数字技术与可持续设计等前沿议题。它试图回答:当人类的行为模式日益受到科技和社会环境塑造时,设计如何适应并引导这种变化?我们通过理论框架、实验研究、案例分析等多层次内容,为读者提供从基础概念到实际应用的完整知识体系,让设计不仅是对功能和形式的构建,更是对用户心理的精准响应。

本书的编写得到了多个领域专家的共同支持,使内容更加全面、权威。第一章至第四章由青岛恒星科技学院副教授邹奇志撰写,内容涵盖设计心理学的定义与发展、理论框架、感知与认知基础、情感与用户体验、行为心理学等方面；第五章由建筑工程学院科研院长姜垚撰写，深入探讨了文化背景与社会心理对设计的深远影响；第六章由建筑工程学院教研室主任刘洋撰写，详细剖析了可持续设计中的心理学基础以及行为激励机制；第七章由伊朗籍教授 AmirReza Shahtahmassebi 撰写，聚焦于数字技术对心理感知与设计决策的深刻影响；第八章由深圳大学秦春波博士撰写，深入探讨了设计心理学的研究方法，为读者提供了理论与方法论基础；第九章由建筑工程学院学科带头人褚艳萍副教授撰写，通过国内外经典案例，全面解析了心理学在多样化设计情境中的实际应用与创新路径。本书力求通过多维度、多视角的内容呈现，推动设计心理学在理论发展与实践应用中持续进步。

本书逻辑清晰，从理论到实践，从经典原理到最新技术，循序渐进，旨在帮助读者理解概念的同时，使其掌握可落地的设计方法。我们不仅在书中提供了心理学、社会学与设计学的交叉分析，还结合全球案例研究，探讨如何通过心理学优化建筑空间、产品交互、服务体验，甚至塑造更具情感价值的品牌和文化场景。此外，书中还设有课后思考与实践题目，鼓励读者将所学理论应用于实际设计问题，真正做到学以致用。

本书不仅是一本高校教材，也适合作为从事设计研究与实践的专业人士的参考书。我们希望，它不仅能帮助读者掌握设计心理学这门学科，还能让他们从用户的真实心理出发，重新思考设计的价值和边界，让每一次设计决策都建立在科学的认知和对人性的深刻理解之上。

最后，衷心感谢青岛恒星科技学院的刘健教授、王炳华教授，以及所有参与本书编写、校对与出版的同人。正是你们的共同努力，使得这本书诞生。同时，我们期待广大读者在使用本书后提出宝贵意见，帮助我们不断改进和完善。让我们共同探索设计心理学的广阔天地，推动设计成为连接人、环境与科技的桥梁，让未来的设计更加智能、人性化且富有情感温度！

编者：

2025 年 1 月

目 录

第一章　设计心理学概论 ……………………………………………… 001
- 第一节　设计心理学的定义与发展 ……………………………… 002
- 第二节　设计心理学在环境设计中的重要性 …………………… 008
- 第三节　研究对象与方法 ………………………………………… 019
- 第四节　设计心理学与相关学科的关系 ………………………… 027

第二章　感知与认知 …………………………………………………… 034
- 第一节　感知心理学基础 ………………………………………… 035
- 第二节　空间认知 ………………………………………………… 048
- 第三节　色彩心理学 ……………………………………………… 059

第三章　情感与体验 …………………………………………………… 067
- 第一节　情感设计的基本理论 …………………………………… 067
- 第二节　用户体验与环境设计 …………………………………… 072
- 第三节　设计风格与情感效应 …………………………………… 077

第四章　行为心理学与设计 …………………………………………… 085
- 第一节　环境对行为的影响 ……………………………………… 086
- 第二节　用户行为研究方法 ……………………………………… 092
- 第三节　设计中的行为导向 ……………………………………… 097

第五章　文化与设计心理学 ················ 105
第一节　文化背景对设计的影响 ············ 105
第二节　社会心理学在设计中的应用 ········ 113

第六章　可持续设计中的心理学 ············ 121
第一节　可持续发展的心理学基础 ·········· 121
第二节　可持续设计的行为激励 ············ 128
第三节　绿色建筑中的用户心理适应 ········ 134

第七章　技术与设计心理学 ················ 142
第一节　数字技术对心理感知的影响 ········ 143
第二节　技术对设计决策的辅助作用 ········ 155

第八章　设计心理学的研究方法 ············ 165
第一节　实验研究法 ······················ 165
第二节　调查研究法 ······················ 175
第三节　案例研究法 ······················ 177

第九章　案例分析 ························ 185
第一节　国内外景点环境设计案例解析 ······ 186
第二节　不同设计风格的心理学分析 ········ 194

参考文献 ································ 206

附　录 ·································· 211
附录1　设计心理学重要理论与模型汇总 ····· 211
附录2　推荐阅读文献与资源 ··············· 215
附录3　专业术语与定义索引 ··············· 217

第一章 设计心理学概论

　　设计心理学是一门探索设计与人类心理之间关系的学科,旨在通过理解用户的感知、认知、情感和行为,为设计提供科学支持。本章将重点介绍设计心理学的定义与发展,梳理其从萌芽到成熟的主要发展阶段,同时探讨其在环境设计中的重要性及与相关学科的关系。本章旨在帮助读者建立对设计心理学的初步认识,为后续章节的深入学习奠定理论基础。

　　通过本章,读者能够认识到设计心理学在现代设计中的不可或缺性,掌握其基本理论框架及研究方法,并初步了解如何将设计心理学的研究成果转化为设计实践。无论是在公共空间、建筑设计,还是景观与数字化设计中,这些知识都将为学生提供扎实的理论基础和多元的设计思路,帮助他们在未来的设计中实现功能与情感的平衡,提出更加人性化和富有创新性的设计方案。

第一节 设计心理学的定义与发展

一、设计心理学的定义

设计心理学是一门研究用户心理与行为在设计中的作用及其规律的学科[1]。它结合心理学、设计学以及其他相关领域的知识[2],旨在通过理解人类的感知、认知、情感和行为模式,为设计提供科学依据,优化用户体验,提升设计的功能性、美学性和情感价值[3]。

从学科范围来看,设计心理学涵盖感知心理学、情感心理学、行为心理学、文化心理学等多个分支[4],应用于产品设计、环境设计、交互设计和可持续设计等多个领域。设计心理学的核心在于以人为本,探索设计与用户之间的互动关系,帮助设计师在满足功能需求的同时,兼顾用户的心理感受和情感需求[5]。设计心理学在环境设计、产品设计中的应用如图 1.1 和图 1.2 所示。

图 1.1 设计心理学在环境设计中的应用

图 1.2 设计心理学在产品设计中的应用

在环境设计中,设计心理学通过研究用户对空间、光线和色彩的感知,优化空间布局[6]；在产品设计中，设计心理学则关注用户的使用习惯和情感反馈，从而提出更高效、更贴心的设计方案。因此，设计心理学不仅是设计实践的理论支撑，更是设计创新的重要驱动力。

设计心理学的兴起，是设计实践与心理学研究不断交融的产物，其发展深受工业革命、科学技术进步以及心理学各分支学科发展的影响。以下是其演变历程中的几个关键节点。

（一）工业革命与设计心理学的萌芽

工业革命的到来极大地改变了人类的生产与生活方式。随着机械化生产的普及，产品设计从传统的手工艺逐步转向批量化制造。设计不再仅是艺术性和工艺性的体现，还需要兼顾功能性与使用效率。

在这一背景下，设计实践开始引发对"人"的关注，尤其是如何让用户更便捷地使用产品。例如，工具的握持方式、机械操作的简化以及工厂车间的空间组织都涉及设计对人类行为的适配。设计过程中的人类因素问题逐渐成为学者与设计师研究的重点，包括如何满足用户的感官需求、理解使用逻辑以及保障操作安全性等，这些探索为设计心理学的萌芽奠定了实践基础。

（二）人机工程学的兴起与科学基础的奠定

20世纪初，人机工程学[7]（ergonomics）作为一门新兴学科发展起来，成为设计心理学的重要理论根基。人机工程学旨在研究人与系统的交互关系，特别是如何优化工具、机器与环境，以提高效率和安全性。这一领域的研究为设计心理学提供了科学方法论[8]，包括实验研究方法、量化分析工具以及生理与心理相结合的分析框架。

例如，飞行员驾驶舱布局研究便是人机工程学的一项典型应用。设计师通过分析飞行员的视野范围和操作行为，优化了仪表盘的位置和按钮的排列。这一研究揭示了设计与用户行为之间的内在关联，逐步确立了以人为中心的设计原则。图1.3显示了飞行员能触及的范围。

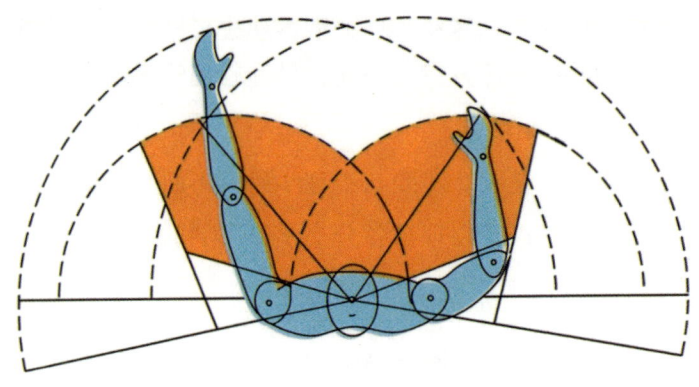

图 1.3　飞行员能触及的范围

(三) 认知心理学与用户体验研究的关联

20世纪中叶，认知心理学[9]的兴起进一步推动了设计心理学的发展。认知心理学关注人类的感知、记忆、注意力、问题解决等认知过程，为设计心理学的研究提供了全新的视角。研究者开始更加关注用户在使用设计对象时的感知与认知过程，以及设计如何影响用户的情感反应。

这一时期的研究突破了以往仅注重功能性和效率的局限，开始探索设计如何为用户提供更好的体验。例如，唐纳德·诺曼[10]（Donald Norman）提出了情感设计理论，强调产品设计不仅要易于使用，还要让用户感到愉悦、满意，甚至产生情感共鸣。这一思想深刻影响了交互设计、用户界面设计及环境设计等领域，使设计心理学从单一的功能性研究拓展到对用户体验的全方位关注。

(四) 学科交叉与设计心理学的独立发展

随着认知心理学、人机工程学以及设计学的不断融合，设计心理学逐渐形成了自己的学科体系。这一领域从早期解决单一的功能性问题，发展到涵盖感知、认知、行为、情感等多维度研究，关注设计如何提升用户的整体体验。

设计心理学的起源不仅体现了设计实践的需求，也反映了心理学研究对人类行为与体验的深入探索。它为设计提供了科学依据，使设计不仅是技术的表达，更是人性化和社会价值的体现。

设计心理学的起源是工业革命需求、人机工程学研究以及认知心理学理论交融的结果。它从功能性设计开始,逐步转向关注用户的感知、认知与情感体验,为环境设计、产品设计以及交互设计等领域的发展奠定了坚实的基础。

二、设计心理学的发展阶段

设计心理学经历了从萌芽到成熟、从单一学科到跨学科融合的演变过程,其主要发展阶段如下。

(一)萌芽阶段(20世纪初至20世纪中叶)

这一阶段,工业化生产的普及推动设计从手工艺转向批量制造,设计心理学的雏形初现。人机工程学作为一种新兴学科,率先提出了研究人与工具、环境交互关系的理论,为设计心理学提供了早期的理论支撑。

这一时期的设计主要集中在机械产品、工具以及工业设备上,目标是提高生产效率和使用安全性。设计师采用实证研究和实验分析的方法,通过对用户行为的观察和数据记录,优化产品设计。例如,通过分析工人操作机器时的动作,调整设备按钮的排列和操作距离,以减少疲劳和误操作。

福特汽车的设计优化(图1.4)是这一阶段的典型代表。通过对驾驶员操作过程的研究,福特改进了汽车的控制布局,使车辆操作更符合用户习惯,提高了驾驶的安全性和舒适性。

图1.4 福特汽车的设计优化

（二）发展阶段（20世纪中叶至20世纪末）

认知心理学的兴起为设计心理学提供了新的研究视角。这一时期，设计心理学的研究范围从单一的工业产品设计拓展到环境设计、建筑设计和日常生活中的产品设计。研究内容开始涉及用户的感知、认知与情感反应。

这一时期从功能性设计扩展到用户体验设计，如建筑空间、家居环境、公共设施以及交互式产品。这一时期引入心理学实验室，采用更精细的实验方法，如眼动追踪技术和认知负荷分析，研究视觉注意力分布和信息处理过程；开始注重用户如何解读设计对象，以及色彩、材料等因素对用户情感的影响。例如，不同空间布局对用户心理舒适度的影响成为研究热点。

心理学家通过实验（图1.5）分析，发现视觉注意力的分布可用于指导界面设计。例如，在交通标志设计中，通过调整字体大小和颜色对比度，提高信息的可读性和传递效率。

图1.5　注意力心理实验

（三）跨学科阶段（21世纪以来）

数字技术的迅猛发展使设计心理学进入跨学科融合的新阶段。心理学与计算机科学、社会学、文化研究等领域的结合，推动设计心理学向数字化、智能化的方向发展。

这一时期出现新兴技术产品（如智能家居、虚拟现实设备）、数字交互界面，以及结合文化背景的个性化设计。跨学科融合成为研究的核心方法。以用户为中心的设计理念（user-centered design, UCD）成为主流。研究者关注如何通过设计满足个性化需求并提升用户的情感体验。

数字技术中的人机交互成为研究重点。例如，智能语音助手（图1.6）通过调整语音语调和回应内容，增强了用户的愉悦感和信任感。虚拟现实技术（图1.7）在博物馆中的应用是这一阶段的典型案例。通过沉浸式交互设计，让用户能够深度参与和体验展览内容，从而增强学习兴趣和文化认同感。

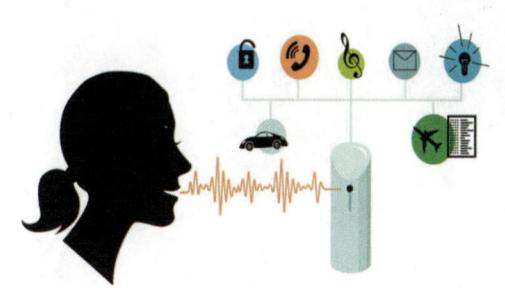
图 1.6　智能语音助手

图 1.7　虚拟现实技术

（四）生态化与可持续发展阶段（近年来）

随着可持续发展成为全球共识，设计心理学开始从生态和社会角度研究设计对用户行为和意识的影响。研究者关注如何通过设计激发用户的环保意识和生态行为[11]。

这一时期注重绿色建筑、低碳产品设计以及可持续生活方式的设计干预。研究者结合环境心理学和行为激励理论，研究用户对生态设计的接受度和响应机制。例如，分析绿色建筑中自然元素对用户心理的正面影响，以及如何通过设计提高能源利用效率。

探索设计与行为之间的关系，如通过视觉提示或情感联结引导用户进行环保行为。例如，图1.8新加坡樟宜机场在建筑设计中通过引入自然光线和植物景观，增强用户的生态舒适感。绿色建筑中的心理激励机制是一项创新实践。例如，通过能源监测屏幕向用户实时展示节能成果，不仅提高了用户对绿色能源的认可度，还强化了他们的节能意识。

图1.8 新加坡樟宜机场

设计心理学的主要发展阶段充分体现了该学科的多维度演变。从关注功能性和安全性到强调用户体验，再到融合跨学科视角和生态可持续理念，设计心理学已成为一个综合性学科，跨越了技术、文化和生态的边界。未来，随着社会需求的进一步变化，设计心理学将在多学科的融合与创新中持续拓展，为环境设计和人性化设计提供更加丰富的理论基础和实践指导。

第二节 设计心理学在环境设计中的重要性

设计心理学在环境设计中扮演着不可或缺的角色，它不仅关注设计的功能性和美观性，更注重设计对用户心理和行为的深远影响。以下将从应用领域和对环境设计的意义两个方面展开论述。

一、设计心理学的应用领域

设计心理学作为一门综合性学科,涵盖了人类感知、认知、行为和情感在设计过程中的运用规律。其研究内容广泛,涉及多个领域。在环境设计中,设计心理学的指导作用尤为显著,为设计师提供了科学依据,优化了用户体验。

(一)城市公共空间设计

城市公共空间是城市的重要组成部分,也是市民日常生活的重要场所。如何让这些空间既具备实用性,又能满足人们的心理需求,是设计心理学在这一领域关注的核心问题。

1. 行为习惯与心理感受的研究

通过观察和分析市民的行为模式,设计心理学能够揭示人们在公共空间中的活动规律。例如,市民在广场中会倾向于选择有遮蔽的区域休息,或在水景附近进行社交活动。这些行为偏好为设计师提供了优化空间布局的依据。

2. 提升社交互动的舒适性

心理学研究表明,座椅的间距和布局会显著影响用户的社交行为。在设计公共广场时,通过合理规划座椅的位置和数量(图1.9),可以有效增强用户之间的互动。例如,将座椅以"面对面"或"环绕式"布局,能够促进对话的发生,而在更宽敞的区域设置单排座椅,可以让人们独处或短暂休息。

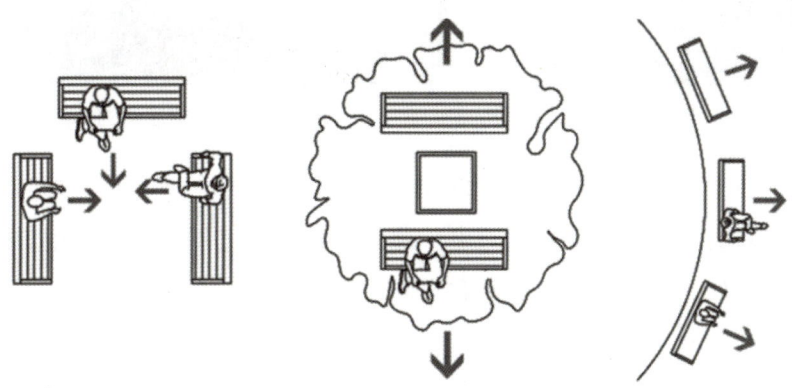

图1.9　公共广场的座椅设计

3. 动线规划与安全性

设计心理学还关注如何通过动线设计调整人群的流动。例如，在交通枢纽或大型商业广场，通过心理学分析人流密集区的行为特征，可以合理设计通道宽度和导向标识，这样既能提高通行效率，又能减少安全隐患。

（二）建筑室内设计

建筑室内设计涉及人们的日常生活和工作环境，其核心目标是为用户提供舒适、功能完善且令人愉悦的空间。设计心理学通过研究室内元素对用户心理的影响，为设计师提供科学指导。

色彩是室内设计中影响人们心理感受的重要因素。本书将在第二章色彩心理学详细讨论色彩对人们心理感受的影响。例如，暖色调（如红、黄、橙）通常能够激发活力和情感，冷色调（如蓝、绿、紫）则有助于放松和集中注意力。例如，在办公空间中运用浅蓝色调（图1.10），可以提高员工的专注力；在休闲区域使用柔和的暖色调（图1.11），则能够营造出温馨舒适的氛围。

图1.10 浅蓝色调的办公空间

图1.11 暖色调的休闲场所

第二章第一节将详细讨论室内设计的关键因素——光线，自然光的引入能够显著提升空间的开放感和心理舒适度。此外，材质的选择也影响着用户的触觉和情感体验。例如，木材质常与温暖和自然联系在一起，金属材质则给人一种现代和冷峻的感觉。第二章第二节将分析空间的比例与分区对人的心理舒适度的影响。通过研究用户对空间尺度的感知，帮助优化室内布局。

（三）景观与生态环境设计

景观与生态环境设计致力通过人与自然的互动，打造功能性与美观性并存的空间，以满足人类的生理与心理需求。设计心理学的融入，不仅使景观设计更符合用户心理规律，还能增强人与环境的和谐共存关系，为使用者创造具有治愈感和归属感的场所。

1. 用户行为模式分析

设计心理学通过研究用户在自然环境中的行为模式，为景观设计提供科学依据。研究表明，自然景观能够缓解人们的心理压力，提升幸福感。例如，在城市公园中，通过观察用户的行为路径，可以设计连贯且有吸引力的步行网络，这样既能满足人们的日常通行需求，又能激发人们探索自然的兴趣。静谧的休憩区域是景观设计的重要组成部分，通过设置长椅、凉亭等设施，让用户在树荫下放松身心，从而提升景观空间的舒适性和功能性。此外，可以根据不同年龄段的活动需求规划儿童游乐区与健身区，以提高空间利用效率。

2. 植物与景观元素的搭配

植物与景观元素的合理搭配不仅具有美学价值，还对用户的心理健康产生积极影响。设计心理学研究表明，高大的乔木可为用户提供视觉屏障与心理保护感，从而增强其安全感；而开阔的草地能够满足儿童玩耍和开展群体活动的需求，促进人际互动。此外，水景（如喷泉、溪流）因其"心理镇静剂"的作用，常被用于缓解用户的焦虑情绪，提升放松效果。色彩鲜艳的花卉搭配不仅能营造愉悦氛围，还能提高空间的视觉吸引力，从而激发用户的积极情绪。图1.12是杭州西湖植物景观。

（a）　　　　　　　　　　　　　　　（b）

图1.12　杭州西湖植物景观

3. 环境情感联结

环境情感联结是设计心理学在景观设计中的核心目标，其重点在于通过设计手段拉近用户与环境之间的心理距离，使用户对景观空间产生归属感与认同感。这种情感联结不仅提升了景观空间的体验价值，也促使用户更加主动地维护所处的环境。图1.13通过设置互动装置，如可识别的建筑物、可触摸的雕塑、可调整的喷泉或结合技术的游戏化步道等，使用户感受到景观的动态变化。这些设计元素不仅增加了空间的趣味性，还能在互动中激发用户对空间的好奇心与探索欲。

此外，将地方文化或历史元素融入景观设计是增强情感联结的重要策略。图1.14是烟台金沙滩海滨公园的一个关于鲸鲨的雕塑，这个雕塑也被称为"孤独的鲸"。景观设计通过展示当地的重要历史事件、人物或动植物，能让用户在游览中感受到文化的传承与共鸣；艺术雕塑则可作为表达情感与思想的媒介，为景观空间注入独特的精神内涵；文化主题花园可通过植物、色彩和空间布局传递地域特色，让用户在自然体验中感受到文化氛围。这些具有文化和情感价值的设计不仅丰富了景观的内容，也深化了用户对环境的记忆与情感认同，进而使景观成为连接自然、文化与个人心理的纽带。

图 1.13 吉隆坡城市游戏化设计

图 1.14 烟台金沙滩海滨公园

（四）数字化与交互设计

随着数字技术的飞速发展，虚拟环境和交互设计成为设计心理学的重要应用领域。数字化设计不仅改变了传统的设计表达方式，还为用户提供了全新的体验形式。通过设计心理学的介入，数字交互设计能够更精准地满足用户需求，提升交互的直观性、便捷性与情感价值。

1. 认知负荷与交互界面设计

数字化设计中的认知负荷直接影响用户的交互效率[12]。设计心理学通过研究用户的信息处理模式，为交互界面的优化提供科学依据。在智慧城市的环境艺术设计中，如交通枢纽的导航设计，简化复杂信息是设计的关键。通过颜色编码和视觉符号辅助方向指引，以及动态更新路径信息，用户能够快速理解并完成导航任务。这种优化设计不仅降低了用户的认知压力，也提升了交通系统的整体使用效率。

在大型公共场所中，如综合交通枢纽（图1.15），采用清晰易懂的标识系统与动态显示屏，能够有效指导人员流动。通过心理学对视觉注意力的研究，设计师能合理设置信息密度和界面布局，使用户在短时间内获得所需信息，减少迷茫和不适感。

图1.15 高铁站台的颜色标识系统

2. 情感化设计与用户体验

数字化交互中的情感化设计已经成为改善用户体验的重要策略。在智能家居设计中，通过语音助手的情感化表达，如柔和的语调、富有温度的语言内容，不仅拉近了人与设备的关系，也营造了空间环境的情感氛围。例如，在居家环境中，语音助手可以通过表达贴心的问候或提供幽默的回答，让用户感受到更强的陪伴感。

图 1.16 为泰国乌隆市中心的 Option 咖啡吧。该空间具有三个主要功能：咖啡馆、餐厅和酒吧，它们集合在一个空间内，分时段使用。其主体结构是一个简单的白色盒子，便于突出其在不同环境下的反差。这个白色盒子的主要空白部分由两种填充类型构成：透明和半透明。半透明的是正立面，由双层透明聚碳酸酯制成，展现了光的变化。在白天，它为咖啡馆提供来自外部的自然光线，到晚上，则从内部为酒吧投射出多彩的色光。这种对光线的处理会随着一天中空间功能的变化而改变顾客的情绪。

图 1.16　泰国乌隆市中心的 Option 咖啡吧

在室内环境艺术设计中，情感化交互还体现在对灯光和声音系统的智能调整上。根据用户的心情或使用情境，灯光色彩和明暗程度可以自动变化，如柔和的暖光能够营造放松的居住氛围，而清凉的蓝光适合办公场景。这种设计通过满足用户的情感需求，使空间设计更具温度和个性化。

3. 虚拟现实与沉浸式体验

虚拟现实（VR）技术在环境艺术设计中提供了全新的可能性，尤其在空间设计的展示和优化阶段。通过设计心理学对沉浸式体验的研究，设计师可以增强虚拟环境的视觉与听觉效果，让用户在虚拟场景中感受真实的空间氛围。例如，在景观设计中，用户通过VR设备"行走"于虚拟绿地或庭院中，可以感受到场地布局、光影变化和空间尺度。这种提前体验能够有效减少设计沟通中的理解偏差，提高项目决策效率。

图1.17显示了游客在文化遗产景观中使用虚拟现实技术来体验历史场景。通过高质量的视觉效果和动态音效，用户能够感受到历史空间的独特氛围，如漫步于古代街巷，聆听街头艺人的演奏。这种设计不仅提升了用户的文化认知，还增强了用户与环境的情感联结。

图1.17　游客戴着MR眼镜观赏三星堆

设计心理学在城市公共空间、建筑室内、景观生态和数字化交互等领域的广泛应用，充分体现了其对环境设计的指导价值。通过研究用户的行为习惯、心理需求和情感反应，设计心理学帮助设计师实现以人为本的理念，提出更加高效和情感化的设计方案。这不仅提升了用户的体验质量，也推动了环境设计领域的创新发展。

二、设计心理学对环境设计的意义

环境设计是一项复杂的、多维度的系统工程，涵盖了功能性、审美性和用户体验等多方面需求。设计心理学的引入，为环境设计提供了科学的理论支持和实践指导，使设计方案更符合用户的心理需求和行为规律，从而提升了空间的适用性和情感价值。

（一）满足用户需求

环境设计的核心理念在于以人为本，即围绕用户的需求进行设计。设计心理学通过研究用户的感官体验、情感联结和行为习惯，为设计提供具体的优化方向。例如，在地铁站的设计中，通过对用户心理的分析，可以优化候车区的空间布局和视觉指引系统，使用户更容易找到路径，同时通过分流设计减少拥堵现象。心理学的应用使得用户感受到便捷、安全和舒适，从而提升了整体满意度。

进一步地，用户需求还包括特定群体的特殊需求，如儿童、老年人和行动不便者。设计心理学的研究可以引导设计师为这些群体提供更贴心的设计方案。例如，在城市公园中设计无障碍通道，或者在机场候机楼为家庭用户提供带有儿童游戏区域的候机空间，满足不同用户群体的多样化需求。

（二）提升环境舒适性

环境舒适性是衡量设计效果的重要标准之一。设计心理学通过分析光线、声音、温度和空间比例等环境因素对用户心理的影响，为设计提供了科学依据。例如，在办公空间的设计中，通过合理的窗户布局和光线导入设计，可以增强用户的舒适感。此外，在城市环境中，通过调节声音环境（如增加绿地植被或设置降噪屏障），可以有效降低噪声污染对人群的影响，为用户创造更加安静、舒适的使用体验。对舒适性的追求还包括心理层面的放松感。在商场中，通过舒缓的音乐、柔和的灯光和合理的空间分区，可以缓解用户的购物疲劳，提升整体体验。

（三）优化行为引导

环境设计不仅要满足用户需求，还需要科学地引导用户行为。设计心理学通过研究用户的行为模式和心理反应，帮助设计师优化动线规划和环境提示系统。例如，在大型展览馆中，通过科学的动线设计，引导观众按照既定路线浏览展览物品，可以避免回路和拥堵现象，同时提升观展效率。类似地，在机场或地铁站，通过符号化的提示设计（如颜色分区、箭头标识和文字说明），用户可以迅速理解空间功能，找到目标区域。此外，行为引导还可以影响人群的秩序感和协作性。例如，通过在停车场入口设置明显的动线标识和灯光提示，可以引导车辆有序通行，减少混乱和潜在危险。

（四）促进心理健康

现代环境设计愈发注重用户的心理健康与福祉。设计心理学通过分析自然元素、色彩配置和空间比例等对人们心理健康的影响，推动了治愈性空间和恢复性环境的设计。例如，在医疗建筑中，通过在候诊室安装大面积窗户、设置花园景观，或者利用柔和的色调和舒适的家具，能够有效营造放松的氛围。此外，在学校设计中，通过增加采光充足的教室和户外活动空间，可以提升学生的专注力和幸福感。城市设计中的绿色空间也对人们的心理健康有重要作用，如增加街道两侧的绿植覆盖率不仅能够改善居民的视觉体验，还能帮助居民缓解压力，提高其生活质量。

（五）赋予场所精神

具有场所精神是环境设计的核心目标，强调空间与用户之间的情感共鸣。设计心理学通过研究用户对环境的认同感和归属感，为场所赋予更深的文化内涵和精神价值。例如，在历史街区的改造中，保留标志性建筑或具有地方特色的设计元素，可以激发用户对历史和文化的情感认同。一个成功的案例是在老城区的街道更新中，融入具有传统风格的路灯、雕塑和铺装设计，这些元素唤起了居民对当地历史的记忆，同时吸引了更多游客。

此外，场所精神还可以通过互动性设计来体现。在城市广场设计中，可增加与用户互动的装置，如动态喷泉、户外艺术展览，或设计独特的公共座椅，让用户在参与中感受到归属感和亲近感。

设计心理学为环境设计提供了科学指导，通过满足用户需求、提升环境舒适性、优化行为引导、促进心理健康和赋予场所精神，全面提升了设计质量。它的核心理念是以人为本，通过对用户心理与行为的深刻洞察，为公共空间、建筑室内、景观生态等领域创造更加舒适、高效和富有情感价值的环境。随着社会需求的多样化和技术的不断进步，设计心理学将在未来的环境设计中发挥更大的作用，为用户提供更加人性化和创新化的设计体验。

第三节 研究对象与方法

设计心理学以研究人类在设计环境中的感知、认知、情感和行为为核心，其研究对象主要是用户的需求与心理反应，研究方法则融合了心理学的科学实验与设计学的实际应用，为设计实践提供了强有力的理论支持和方法指导。以下将从研究对象和研究方法两个方面进行详细阐述。

一、用户需求与心理反应

用户是设计心理学研究的核心对象，了解用户需求与心理反应是提升设计科学性和实用性的关键。

（一）用户需求的多维解析

用户需求是设计的根本出发点，是实现成功设计的核心依据。它不仅涵盖用户对设计对象的功能期待，还包括审美、情感以及社会层面的复杂诉求。通过对用户需求进行多维解析，可以帮助设计师更全面地理解用户行为与心理，从而更精准地指导设计实践。以下是用户需求的主要类型。

1. 功能需求

功能需求是用户对设计对象的最基本要求，也是设计存在的基础。例如，椅子的承重能力、手机的通话质量和雨衣的防水性能，都是用户对功能性产品的基本期待。这类需求直接影响设计对象的实用性，是设计师必须首先满足的要素。通过详细调研和数据分析，设计师可以确保功能需求得到充分满足，从而提升设计的基础价值。

2. 审美需求

审美需求是用户对设计对象在感官层面的追求，主要涉及视觉、触觉以及整体感知的美感。例如，色彩搭配是否和谐，材质选择是否符合使用场景，造型比例是否让人感到舒适。这些细节能够直接影响用户对设计对象的第一印象。满足审美需求不仅可以增加设计对象的吸引力，还能赋予其独特的品牌形象和文化价值。

3. 情感需求

情感需求是指用户对设计对象的积极情感反应。愉悦、舒适、归属感、自豪感等情绪都属于情感需求的范畴。例如，家居设计中采用柔和灯光和亲近自然的材质，能够让用户感受到温馨与放松；个人物品中加入定制化元素，则可以增强用户的情感依赖。情感化设计不仅让产品超越功能性和审美层面的价值，还能使用户与设计对象之间建立更深层次的情感联结。

4. 社会需求

社会需求关注设计对象在社交互动与身份认同中的作用。例如，公共座椅的设计需要考虑用户的交往需求，既要满足基本功能，也要促进人与人之间的互动；城市地标设计则需要体现地域文化或民族认同，使其成为城市居民身份认同的象征。满足社会需求能够提升设计对象在群体和社会中的价值，使其成为文化与社交的纽带。

通过心理学的方法，设计师可以更深入地分析用户需求的属性，判断其是显性需求还是隐性需求。显性需求是用户明确表达出来的需求，通常与功能和审美有关；隐性需求则可能隐藏在用户的潜意识中，需要通过行为观察、深度访谈或情感分析等方法挖掘。例如，用户可能在访谈中提到对椅子的舒适性有要求，但设计师通过观察其行为，发现其实际重视的是椅子的私密性或社交性，而非舒适性。

多维解析用户需求可以使设计师从基础功能到高阶情感、从个人体验到社会意义全面洞察用户期望。通过将显性需求和隐性需求相结合，设计师能够提出更贴合用户心理的设计方案。这样不仅能提高用户的满意度，还能增强产品或空间的情感吸引力与社会价值，使设计成果更加全面和持久。

通过多维解析，设计不再是单一地解决问题，而是对用户心理的深刻回应。功能、审美、情感和社会需求的整合，为设计实践提供了坚实的理论基础，也为创新设计拓宽了思路。

（二）心理反应的核心因素

用户在接触设计对象时，会经历一系列心理反应，这些反应贯穿感知、认知、情感和行为四个方面，决定了设计对象能否成功满足用户需求。理解并优化这些心理反应的核心因素，可以为设计提供明确的指导方向，从而提高用户的体验满意度。图1.18是对这些核心因素的详细解析。

图1.18　用户心理反应要素图

感知：感知是用户与设计的第一接触点，是通过视觉、听觉、触觉等感官接收设计信息的过程。例如，明亮的颜色和柔软的材质能为用户带来愉悦的感官体验，而过于刺眼的光线或粗糙的表面可能会让用户感到不适。通过优化色彩搭配、材质选择和声音设计，设计师可以为用户创造更吸引人和舒适的感知体验，从而增强设计的初始吸引力。

认知：认知是用户对设计对象功能和意义的理解过程。设计对象的直观性和逻辑性决定了用户是否能够快速掌握其使用方法。例如，清晰的按钮标识和简洁的界面布局可以降低用户的学习成本，让用户在使用设计时更加高效和轻松。复杂而不直观的设计会增加用户的认知负担，甚至导致其放弃使用该产品。因此，设计师需要研究用户的认知模式，通过简化信息呈现和优化交互逻辑，使设计更符合用户的直觉和期望。

情感：情感是用户在接触设计对象时产生的情绪反应。设计是否能唤起愉悦、舒适或归属感等积极情绪，是评判其情感价值的重要标准。例如，温暖的灯光设计可以营造安全感，而加入个性化选项，则能增强用户对设计的情感依赖。情感化设计不仅能提升用户对设计的喜爱程度，还能在心理层面拉近用户与设计的距离。通过创造引发情感共鸣的设计，不仅能使用户更喜欢设计对象，还会将其与积极的情感体验联系起来。

行为：行为是用户与设计对象的实际互动方式，是心理反应的最终体现。例如，符合人体工程学的办公椅设计可以引导用户保持正确的坐姿，减轻身体疲劳；而不符合用户操作习惯的设计会让用户感到不适，降低使用意愿。通过优化交互方式和操作体验，设计师可以引导用户形成更高效、更健康的行为模式，增强设计的实用性和可持续性。

研究用户的心理反应可以为设计提供科学依据。通过整合感知、认知、情感和行为四个核心因素，设计师能够确保设计成果既符合用户的实际需求，又能为用户带来愉悦的体验。这种多维度的分析方法不仅提升了设计的用户价值，也为设计创新提供了更广阔的空间。

二、心理学研究方法在设计中的运用

在设计心理学中，研究方法的选择直接关系到设计方案的科学性和实用性。通过对用户需求与心理反应的深入分析，以及科学研究方法的应用，设计师能够更准确地把握用户体验，进而优化设计成果。以下结合具体案例详细阐述几种主要研究方法的实际应用。

（一）实验研究法

实验研究法是设计心理学中最核心、最具科学性的研究方法，其目的是通过控制实验条件，分析特定设计因素与用户行为或心理反应的因果关系。这种方法能够精确测量设计变量的效果，为设计决策提供量化的科学依据。

实验研究法的基本步骤包括制定研究假设、设计实验条件、选择参与者、记录实验数据以及分析实验结果。例如，在研究办公环境中灯光对员工效率的影响时，研究者通常会设置多个光照条件，以测试其效果。具体而言，可以模拟自然光、冷白光和暖黄光三种光照环境，邀请参与者在这些环境下完成一系列标准化的任务（如编辑文档或解答问题）。在实验过程中，研究者不仅会记录任务完成时间和错误率等客观数据，还会通过问卷或访谈收集参与者对每种光照环境的主观情绪评价。结果显示，冷白光更适合高强度、需要专注的任务，暖黄光则能营造放松和舒适的工作氛围。

此外，实验研究法的应用并不限于办公空间设计。在公共场所的动线设计中，实验研究法同样可以发挥重要作用。例如，在一座展览馆的入口区域，研究者通过设置不同的标识颜色、字体大小和位置，观察用户在选择行进方向时的反应速度和准确性。实验结果揭示了直观、简洁的设计如何有效提升用户的导航效率，为展览馆的标识系统优化提供了关键参考。

实验研究法的独特价值在于其科学性与可重复性。通过精确控制实验变量，研究者可以剖析复杂设计情境中具体因素的作用，避免因外部干扰导致的结果偏差。例如，在研究公园中植物配置对人们心理健康的影响时，研究者可以将不同类型的植物（如乔木、灌木、花卉）作为变量，测试用户在每种配置下的情绪变化和心理压力水平。这种严格的实验控制使得研究结果更具说服力，也为类似项目的推广和应用奠定了科学基础。

（二）问卷调查法

问卷调查法是设计心理学中应用广泛的研究方法之一，通过设计结构化的问题，快速收集用户的主观反馈，以了解其需求、偏好和体验感受。这种方法以高效、成本低和覆盖面广著称，尤其适用于收集大规模样本数据，为设计决策提供统计学支持。

在智能家居设备的开发初期，问卷调查法常被用来挖掘潜在用户的需求。例如，设计团队设计了一份问卷，涵盖设备功能、外观设计和使用习惯等多个维度的问题，如"您更希望通过哪种方式控制设备？""您对设备的外观有哪些具体偏好？""在日常生活中，您最关注的设备性能是什么？"通过大规模的在线问卷分发，设计团队收集了数千名目标用户的反馈。结果显示，大部分用户更注重语音控制和色温调节功能；而在外观设计方面，他们更偏爱简约风格，强调与家庭环境的整体协调性。

问卷调查法的优势不仅在于快速明确用户需求，还在于通过大样本数据分析，为设计提供科学依据。例如，通过数据分析工具，可以挖掘出不同用户群体的需求差异：年轻用户更关注设备的智能化功能，如个性化语音识别；老年用户则对易用性和简单操作有更高的需求。这种细分分析帮助设计团队精确定位目标用户群体，并为后续设计优化提供清晰的方向。

此外，问卷调查法还可以用于验证设计方案的可行性。例如，在一项新型办公室灯光系统的设计中，设计团队在初步设计完成后发放了问卷，邀请潜在用户评价设计的功能合理性和外观美感。反馈结果显示，用户对柔和光线的需求较高，同时对系统的能耗表示关注。基于这些数据，设计团队在优化方案中增加了低能耗模式，并通过调节光线强弱来适应不同的办公场景。

尽管问卷调查法有诸多优点，但其也存在一些局限性，如用户可能因为主观偏好或回答习惯影响数据的真实性。因此，问卷设计需要注意问题的清晰性和结构合理性，同时通过统计学方法对结果进行科学分析，以尽可能减少误差。

（三）观察法

观察法是设计心理学中一种常用的研究方法，通过记录用户在自然情境中的行为，为设计与用户互动关系的研究提供真实、可靠的数据。这种方法能够捕捉到用户的自然反应，尤其在研究复杂的用户行为和空间使用模式时，能够提供更为精准的洞察。与问卷调查法和实验研究法相比，观察法不依赖于用户的自述或回忆，能够直接反映用户的实际行为，更加真实地反映用户需求和设计效果。

在购物中心的空间优化研究中，观察法被广泛应用。研究者通过在商场内布置视频监控设备，记录顾客在商场中的移动路径、停留时长及互动行为。特别是在高峰时段，研究者对人员的流动情况进行了详细观察。通过观察，研究者能够精准地识别出影响用户体验的痛点，并为空间优化提供数据支持。基于这些观察结果，设计师对商品陈列和商场的动线进行了重新规划，将热销商品放置在顾客自然流动的路径上，并通过合理的指引标识引导顾客高效流动。这样一来，不仅提高了顾客的购物体验，还提高了商场的销售转化率。

观察法的优势在于它能够揭示用户在特定环境中的真实行为，尤其是在实际使用环境中，这些行为往往具有代表性和普遍性。然而，观察法也存在一定的局限性，尤其是对用户行为的干扰问题。例如，观察者的存在可能会影响用户的自然反应，或是在数据收集过程中遗漏某些细节。因此，在进行观察时，研究者需要采取适当的方式确保数据的全面性与可靠性，尽可能减少对用户行为的干扰。

（四）访谈法

访谈法是一种通过与用户面对面交流，深入挖掘其需求、情感反应和使用体验的研究方法。与问卷调查法不同，访谈法更加注重与用户的互动，能够从个体层面获取更为详细、深入的反馈，在探索用户的隐性需求和情感体验方面具有独特优势。通过开放式问题，访谈法能够揭示用户未曾表露的观点、感受以及行为背后的动机，为设计师提供更全面的设计依据。

以成都欢乐谷主题公园的互动设施为例，研究者围绕设施的功能性、情感体验和使用便利性与实际使用过设施的用户展开了深度交流。在访谈过程中，用户普遍反映，设施的操作指示不够直观，导致自己在互动过程中遇到困难，影响了整体的互动体验。这些反馈揭示了设计中未被注意到的细节问题，也为设计改进提供了具体的方向。

在收集了这些反馈后，设计师根据用户的建议对操作界面进行了优化，简化了操作步骤，调整了按钮和指示符号的位置，并优化了视觉标识，使其更加直观和易于理解。此外，设计师还加入了声音和视觉提示，帮助用户更清楚地了解操作流程。这些改进显著提升了用户的操作便利性和互动体验，用户满意度大幅提高。

访谈法的优势在于能够深入了解用户的隐性需求，特别是在情感和体验层面。许多用户的情感反应和心理需求往往不能通过标准化问卷或观察法直接捕捉到。访谈通过与用户的深入对话，揭示了他们在使用产品或体验环境中的情感波动、潜在期待和个性化需求。这对于情感化设计、个性化设计以及用户体验的优化具有重要意义。

例如，访谈中用户可能会提到他们对特定设计元素（如色彩、声音或材料）的偏好，或者他们在使用某些设备时的情绪变化。这些信息能够为设计师提供灵感，帮助他们提出更具情感价值和认同感的设计方案。

此外，访谈法还能够帮助设计师识别出一些表面上难以察觉的问题或潜在风险，特别是与文化背景、习惯差异等相关的隐性需求。例如，不同文化背景的用户在使用同一产品时，可能对设计的功能性、审美性或互动方式有不同的期望，访谈能够揭示这些差异，从而帮助设计师避免设计上的误区。

（五）视觉化与交互测试法

视觉化与交互测试法通过可视化模型或交互式原型，提供了直观的用户反馈，是设计优化过程中非常有效的工具。该方法通过使用各种数字技术，如虚拟现实（VR）、增强现实（AR）或交互式原型，能够在设计阶段模拟真实环境或产品体验，帮助设计师更早地识别潜在问题并进行调整。与传统的设计展示方式相比，视觉化与交互测试法能够更加精确地模拟用户在使用空间或产品时的真实感受，进而为设计决策提供更有力的支持。

例如，在建筑大厅空间比例的设计中，不同空间尺度对用户感知的影响是不同的。研究者利用VR技术构建了三种不同空间比例的虚拟模型，即高而狭窄、低而宽敞，以及中等高度与宽敞宽度的设计。用户佩戴VR设备后，能够身临其境地体验这三种不同的空间设计。通过记录用户的主观感受、移动路径、停留时长以及偏好选择，研究者能够分析出哪种空间比例最能提升用户的舒适感和视觉愉悦感。

研究结果表明，用户普遍偏好中等高度与宽敞宽度的大厅设计。通过交互式体验，用户能够直观感受到不同空间设计对自己心理和行为的影响，尤其是在空间感知、视觉舒适度以及空间流动性等方面。相比之下，高而狭窄的设计压迫感较强，导致用户的舒适度显著降低；低而宽敞的设计虽然在空间上较为开阔，但却未能有效利用空间的垂直维度，影响了整体的功能性和空间美感。

视觉化与交互测试法的最大优势在于其能够提供真实的用户体验反馈，而这种反馈远比传统的图纸或模型展示更为直观和具有实操性。通过这种方法，设计师可以在虚拟环境中模拟和优化设计方案，用户可以在没有实际建造的情况下体验空间布局和功能设置。这种技术能够帮助设计师避免将来实际建设中可能出现的设计缺陷，并为用户提供更具个性化、舒适感和功能性的设计方案。

此外，视觉化与交互测试法还能够在设计过程中反复迭代，不断改进设计方案。通过多次收集用户反馈，设计师可以针对特定的用户群体调整设计，如根据用户的年龄、文化背景和功能需求调整空间布局和互动元素。该方法不仅能提升设计效率，还能有效提高用户对设计的参与感和认可度。

研究用户需求与心理反应是设计心理学的核心任务，而科学的研究方法是揭示设计与用户关系的关键工具。实验研究、问卷调查、观察、访谈以及视觉化与交互测试等方法不仅为设计提供了数据支撑，还帮助设计师从用户的角度更深入地理解设计的影响。通过这些方法，设计心理学能够在环境设计中发挥更大的作用，使设计真正实现以人为本的理念，同时推动学科进一步发展与实践创新。

第四节 设计心理学与相关学科的关系

设计心理学是一门综合性学科，它通过研究人类在设计环境中的心理与行为，使设计实践科学化与人性化。其研究内容与建筑学、社会学和行为学等学科密切相关，各学科之间的交叉融合推动了设计心理学的理论发展与实践深化。以下从三个方面阐述设计心理学与相关学科的关系。

一、设计心理学与建筑学

设计心理学与建筑学的交叉主要体现在以人为中心的空间设计中。建筑学关注建筑物的结构、美学与功能，设计心理学则强调用户在建筑空间中的心理感受和行为体验。通过将设计心理学的理论与建筑学的实践相结合，建筑师能够更加科学地优化空间布局和设计元素，从而提升空间的使用效果与用户体验。两者的结合为空间设计提供了理论依据和实践指导，使得建筑不仅满足功能性需求，还能提高使用者的心理舒适度。

（一）空间感知与心理体验

设计心理学通过研究用户对建筑空间的感知与心理反应，为建筑设计提供了丰富的洞见。例如，研究表明，天花板的高度对空间感知有显著影响。高挑的天花板能够使空间显得更加开阔，给人以自由与开放的感觉，进而激发人们的创造性思维和灵感。相反，低矮的天花板则能增强空间的亲密感和安全感，有助于提高人们的专注力。设计心理学的这些发现为建筑师提供了明确的指导意见，使他们能够根据不同空间的功能需求调整空间的尺度和布局。

在美国索菲亚大学的图书馆设计（图1.19）中，建筑师通常会选择低矮的天花板，以增强空间的私密性和舒适感，帮助读者集中注意力。而在奥托葡萄酒展览馆（图1.20）中，设计师则会采用高挑的天花板设计，借此营造开阔、自由的氛围，以激发观众的艺术想象力和探索欲望。这种对空间感知与心理体验的研究，帮助建筑师更好地理解空间的心理效应，并根据具体需求调整设计。

图1.19　美国索菲亚大学图书馆

图1.20　奥托葡萄酒展览馆

（二）建筑功能性与心理适配性

建筑学的功能性设计通常强调建筑的结构、使用便捷性和空间布局，设计心理学则为其提供心理学上的支持，确保建筑空间能够适应用户的情感需求和心理状态。例如，医疗建筑中的候诊区设计不仅需要考虑空间的容纳能力和流动效率，还要考虑如何通过空间元素缓解患者的焦虑情绪。在设计候诊区时，设计心理学提供了关于色彩和光线的具体建议，如温暖的色调和柔和的灯光能够创造温馨的环境，有助于缓解患者的焦虑情绪，冷色调的光线则可能增加压迫感。因此，设计师可以通过巧妙使用色调和光源配置来营造放松的氛围，让患者在等待过程中尽量保持冷静和放松。此外，座椅的布置也应考虑到人的心理需求，如适当的座位间距和舒适的座椅设计能让患者感受到被关怀，减少焦虑。

（三）场所精神与文化认同

设计心理学可以帮助建筑学更好地表达场所精神和文化意义。场所精神是指一个地方特有的文化、历史和情感价值，它能够唤起使用者对该空间的情感联结和归属感。设计心理学通过研究用户对空间的情感反应，帮助建筑师创造具有文化认同感和情感归属感的空间。例如，在历史街区的改造中，设计师通过保留传统建筑符号，如特色的建筑立面、雕塑、古老的街道铺设等元素，不仅能够保留地方的历史记忆，还能够增强居民对场所的认同感。

心理学研究表明，具有文化和历史内涵的社区空间能够激发人们的情感共鸣，增强其对社区的归属感。这种情感联结能够增强社区凝聚力，提高居民的幸福感和社会参与感。例如，在进行城市更新时，设计师通过保留原有建筑风貌，并结合现代功能需求，创造出既具历史感又符合现代生活需求的空间。这不仅保留了地方特色，也为居民提供了一个情感认同的地方，提升了人们对这一地区的归属感。

在这些改造过程中，设计心理学帮助设计师理解用户对空间的情感需求，并通过空间中的文化符号、材质选择和形式设计，帮助用户在空间中找到自己的情感归属。这种文化和情感的联结，使得建筑设计不仅仅是物理空间的构建，更是社会和文化的载体，提升了人们对环境的认同感。

二、设计心理学与社会学

设计心理学与社会学的结合体现在如何通过设计反映社会需求与文化背景，以及如何通过设计促进社会行为和关系的优化上。这种跨学科的融合帮助设计师更好地理解用户群体的心理需求和社会行为模式，从而提出既符合功能需求又具备社会价值的设计方案。

（一）社会需求与设计导向

社会学的研究关注不同群体的需求与行为模式，设计心理学则通过深入理解这些需求，将其转化为具体的设计语言。社会需求的变化直接影响着空间设计的方向和策略。例如，老年人群体对生活空间的需求通常涉及行动便利性、心理舒适性以及社交互动的促进性。随着老龄化社会的到来，老年人的生活方式和健康状况成为设计师需要特别关注的要素。

社会学研究表明，老年人群体往往需要更强的归属感和社会参与感，他们希望能够在日常生活中保持社交联系并参与到社区活动中。设计心理学可促使建筑师思考如何通过空间设计来满足这些需求。例如，设计带有无障碍通道、宽敞的公共活动区域和邻里交流空间，可以帮助老年人克服身体障碍，增强与他人的互动和社交。通过创造方便交流和互动的环境，可以有效地提升老年人的生活质量，满足他们对社会参与和归属感的需求，从而提高社区的凝聚力和居民的幸福感。

（二）群体行为与公共空间设计

社会学强调群体行为对社会关系的影响，设计心理学则通过研究群体在公共空间中的行为特点，为设计提供具体的优化依据。公共空间的设计不仅需要满足个人需求，还需要关注不同群体之间的互动和交流模式。例如，城市公园、广场或购物中心等公共场所通常体现了群体的行为模式，设计师需要理解这些行为模式，创造有利于群体互动和促进社会关系发展的空间。

通过对群体行为的观察，设计心理学可以帮助设计师明确哪些空间配置能够促进群体互动，哪些则可能导致行为的隔离或冲突。例如，在城市公园的设计中，设计师可以通过设置开阔的草坪区域来鼓励群体活动，如集体运动、野餐或户外演出等；通过布置树木、座椅等元素分割出私密区域，则可以为小型团体或个人提供更为安静、私密的对话空间。这种通过空间布局和元素配置对群体行为的引导，不仅有助于提高公共空间的功能性，也有助于促进社会关系的和谐。

（三）文化多样性与包容性设计

设计心理学与社会学共同关注设计的文化适配性，引导设计师思考在多元文化社会中，如何通过设计满足不同文化背景用户的需求。随着全球化进程的加速，城市和社区日益呈现出文化多样性。设计师需要理解不同文化群体对空间设计的心理期待，从而创造包容性强的环境，以适应各种社会群体的需求。

社会学研究表明，不同文化背景的用户在符号、色彩、形状等方面可能有不同的偏好。例如，某些文化背景的用户可能倾向于温暖的色调和传统的装饰元素，另一些文化群体则可能更喜欢现代简约风格和冷色调。设计心理学通过对不同文化群体心理反应的研究，为设计师提供指导意见。例如，在多元文化城市的公共设施设计中，设计师可以使用中性色调、包容性的符号和图案，以避免过于突出的文化标识引发文化排斥感。此外，通过合理设置多功能区和互动区域，也能够促进不同文化背景用户之间的交流与理解，增强社会凝聚力。又如，在公共建筑或城市广场的设计中，设计师可以通过选择中立和包容的设计语言，使不同文化背景的用户都能感到舒适与被尊重。通过这种文化适配性和包容性设计，设计不仅服务于个体的功能需求，也能够提升社会的整体和谐与包容精神。

三、设计心理学与行为学

设计心理学与行为学的结合主要体现在通过研究用户行为模式提高设计的功能性与交互性上。行为学通过观察和分析人类行为规律，为设计提供了实践依据，使设计师能够更好地了解用户的行为驱动因素，并通过调整设计元素引导用户行为，从而提升空间的使用效果，改善用户体验。

（一）用户行为分析与设计改进

行为学研究揭示了用户在环境中的行为特点，帮助设计师了解用户如何与空间互动，使其基于这些行为模式进行设计优化。例如，顾客在进入商场时，倾向于沿右侧行走，并对视线高度范围内的商品表现出更多兴趣。设计师根据这一发现，优化了商场的动线布局，将热销商品或吸引人们注意力的产品放置在右侧显眼位置，并提高了视觉展示区域的高度，以吸引更多顾客的目光。

这种基于用户行为模式的设计改进，不仅能提高购物效率，还能提升用户的购物体验。商场通过分析顾客流动和购买行为，调整了商品陈列的位置和布局，使得顾客的浏览路径更加顺畅，减少了不必要的停留时间，进而提高了销售量和顾客满意度。这种优化方式充分利用了行为学的研究成果，使设计方案更加符合用户的自然行为。

（二）行为引导与环境优化

行为学研究了设计对用户行为的引导作用。通过细致的观察与分析，设计师能够利用环境设计元素引导用户的行动和决策。例如，通过调整楼梯和电梯的设计比例，可以有效引导用户选择步行而非乘坐电梯。研究表明，宽敞明亮的楼梯设计会吸引更多用户选择步行，尤其是在不急于赶时间的情况下，电梯则更适合在紧急情况下使用。

这种行为引导设计不仅有助于优化用户的流线，还能实现节能减排的目标。鼓励步行而减少电梯使用，不仅能节省能源，减少建筑的碳排放，还能促进用户的身体健康。通过这些细微的设计改动，行为学帮助设计师创造更加符合人类自然行为的环境，同时实现更高效的资源利用。

例如，在一些公共建筑中，设计师通过加大楼梯的宽度，采用明亮的照明和引导性标识，鼓励用户选择步行而非电梯，从而推动健康行为的养成。这种设计不仅符合环境可持续发展的要求，也为用户提供了更多的选择空间，帮助他们作出更有利健康的决策。

（三）设计与行为心理的相互作用

设计心理学与行为学共同探讨了设计对用户行为习惯的长期影响。行为学通过分析用户在不同设计环境中的行为变化，为设计师提供理论基础，帮助他们了解环境设计如何影响用户的行为模式；而设计心理学通过实验和实地研究验证这些理论的可行性，从而为行为改变提供支持。

例如，通过设计步行友好的社区环境，可以逐渐改变居民的日常活动习惯。

设计师可以通过创建人性化的步道、增加公园和健身设施等，鼓励居民多走路、多参与户外活动。行为学理论指出，这些环境变化会影响居民的健康行为，使得步行成为其日常生活的一部分。设计心理学则通过实验研究证实了这一变化的效果。通过长期的行为干预，步行成为居民的日常习惯之一，这不仅改善了他们的身体状况，也提升了社区的整体活力。

此外，设计心理学还发现，当设计与用户的心理需求紧密结合时，设计能够更有效地改变用户的行为。例如，在社区的设计中，通过设置休闲广场和社交空间，激发居民参与集体活动的兴趣，进而提高邻里之间的互动频率。这种设计与心理学相结合的策略，使得空间不仅满足了功能性需求，还能够通过环境的优化促进行为的转变，从而带来长期的社会效益。

设计心理学与建筑学、社会学、行为学的交叉融合，不仅拓宽了设计心理学的研究视角，也推动了相关学科的实践创新。与建筑学结合时，设计心理学能提升空间的功能性与心理舒适度；与社会学结合时，设计心理学增强了设计对社会需求和文化背景的适应性；与行为学结合时，设计心理学通过行为分析优化设计交互与环境体验。这些学科间的协作促进了设计的科学化和人性化发展，为创造更高质量的空间环境和使用体验提供了理论和实践支持。

课后思考与实践

1. 选择一个环境设计案例（如城市公共空间或建筑室内设计），分析设计心理学在其中的具体应用（如色彩、光线、空间布局），提出一个优化方案，结合设计心理学理论呈现其预期效果。

2. 针对一个大型公共场所（如商场或展览馆），制订一项研究计划，采用合适的研究方法获取用户需求和行为数据。

3. 结合当前的数字化发展趋势，探讨设计心理学如何与虚拟现实（VR）和增强现实（AR）技术相结合，提升用户体验。

4. 针对绿色建筑或生态环境设计，提出结合设计心理学的创新策略，并阐述其对用户行为与心理的积极影响。

第二章 感知与认知

感知是人类与环境交互的基础过程，它通过感官的作用，将外部信息传递给大脑，帮助人们感知、理解和体验周围的世界[13]。在设计领域，感知心理学为设计师提供了深入理解用户体验的工具，帮助他们创造出更加符合人类心理需求的空间与产品[14]。每个设计元素，无论是空间布局、材料选择、色彩搭配，还是声音和气味的运用，都能通过不同的感官通道影响用户的情感与行为反应[15]。因此，设计心理学通过对视觉、听觉、触觉、嗅觉和味觉的研究，揭示了设计如何通过感官的刺激，影响用户的心理体验和行为选择。

本章将深入探讨感知心理学的基础，首先从视觉感知的角度出发，分析色彩、形状和光线等元素如何影响用户的空间体验；其次，讨论听觉感知在环境设计中的重要性，以及如何通过声音营造氛围或调节情感；最后，触觉、嗅觉和味觉感知的应用也将得到关注，尽管这些感官在设计中的应用较少，但它们同样在塑造整体用户体验方面具有深远的影响。通过全面研究感官的作用，设计师可以更精确地调动用户的感知通道，为他们创造既具有功能性又富有情感价值的设计。

通过本章的学习，不仅能帮助设计师理解不同感官在环境设计中的作用，还能揭示设计决策如何影响用户的行为和情感反应。理解视觉、听觉、触觉、嗅觉和味觉的心理效应，能够帮助设计师在实际工作中作出更具科学性和人性化的设计。例如，通过合理运用色彩、形状和光线，设计师可以创造出具有吸引力、舒适感和情感共鸣的空间；通过声学设计，设计师可以调节环境氛围，影响用户的情绪；通过材料和香氛的选择，设计师可以增强空间的亲和力与舒适感。

学习这些内容的目的在于帮助设计师更深入地理解人类感知的复杂性，进而提升设计的整体效果。这不仅有助于创造符合人体需求和心理反应的环境空间，还能优化用户体验，提高空间的功能性、美学性和情感价值。通过将感知心理学理论应用到实际设计中，设计师不仅能够提高设计的实用性和舒适性，还能够打造出更具人文关怀的空间，提升品牌价值和社会影响力。最终，设计师能在多维度的环境设计中，找到与用户心灵产生共鸣的关键点，为社会创造更高品质的空间体验。

第一节　感知心理学基础

感官通过接受外部刺激，将信息传递给大脑，使人们能够感知和体验设计的空间、材料、声音及氛围[16]。理解感官的作用有助于设计师创造更具吸引力、功能性和情感价值的设计。以下从视觉、听觉以及触觉、嗅觉与味觉三个维度探讨感知心理学在设计中的应用。

感官是人类认知世界的重要途径。通过五种感官的综合作用，人们能够全面体验设计所传递的信息。感官体验不仅影响用户对设计的感知，还能够激起情感反应和行为动机。因此，研究感官的作用是设计心理学的重要内容。

一、视觉感知

视觉是人类感知世界的主要方式，约 80% 的外界信息通过视觉获得，因此视觉感知在设计中占据着至关重要的地位[17]。视觉感知直接决定了用户对环境的第一印象，并对其行为、情感反应产生深远影响。设计师通过对视觉元素的巧妙运用，不仅能提升空间的功能性，还能够增强其情感价值，使得空间设计在满足用户需求的同时，能引发情感共鸣，创造独特的体验。

（一）色彩的心理效应

色彩在设计中是最直接、最强烈的情感表达工具。它不仅能迅速吸引人们的注意力，还能使人们产生特定的情感反应和心理状态。不同的色彩在不同文化背景和情境下能够传达不同的含义和情感。例如,暖色系(如红色、橙色和黄色)通常能传递出活力、热情和兴奋感,冷色系(如蓝色、绿色和紫色)则往往与平静、安宁、放松和理性联系在一起。这些心理效应使得色彩成为设计中不可忽视的元素,直接影响用户对空间的情感认知和使用体验。

在餐厅设计[图2.1(a)]中,红色和橙色的运用十分广泛,因为这些颜色能够激发食欲,增强就餐体验。在医疗空间设计[图2.1(b)]中,绿色则被广泛运用于墙面、家具或装饰中,因为绿色具有平和与放松的效果,能够有效缓解患者的焦虑情绪,营造轻松、治愈的环境。因此,色彩的心理效应不仅能影响用户的情感反应,还能直接提升空间的功能性,使设计更具吸引力和舒适性。

 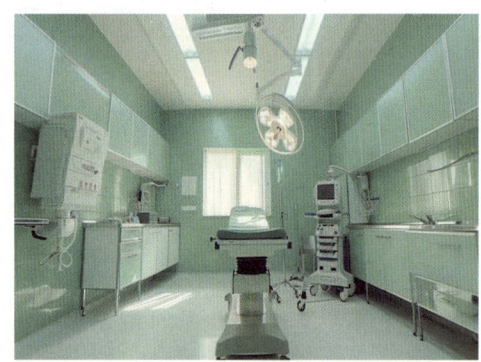

(a)餐厅空间　　　　　　　　　(b)医疗空间

图2.1　快餐店和医疗空间

(二)形状与视觉引导

形状的设计不仅决定了空间的视觉美感,还能影响用户的行为模式和空间使用效率。不同形状传递的视觉信息不同,直线与曲线给人的感觉完全不同:直线设计常常传递出秩序、力量和清晰感,曲线造型则更加柔和、亲近,给人一种流动感和舒适感。在室内设计中,形状的选择不仅仅关乎美学,还涉及如何引导用户的视线和行为。

在宜家家居的标识设计(图2.2)中,箭头形状的使用能有效引导人流的流向,帮助用户快速找到目标区域,提升空间的使用效率。此外,设计师通过运用直线和曲线相结合的设计来引导人群的流动,使得空间既不显得拥挤,又能有效管理人群的行为。标识的形状和设计不仅具有指示功能，还能通过视觉的传达强化空间的秩序感，减少用户的迷茫感，从而提升空间的体验质量。

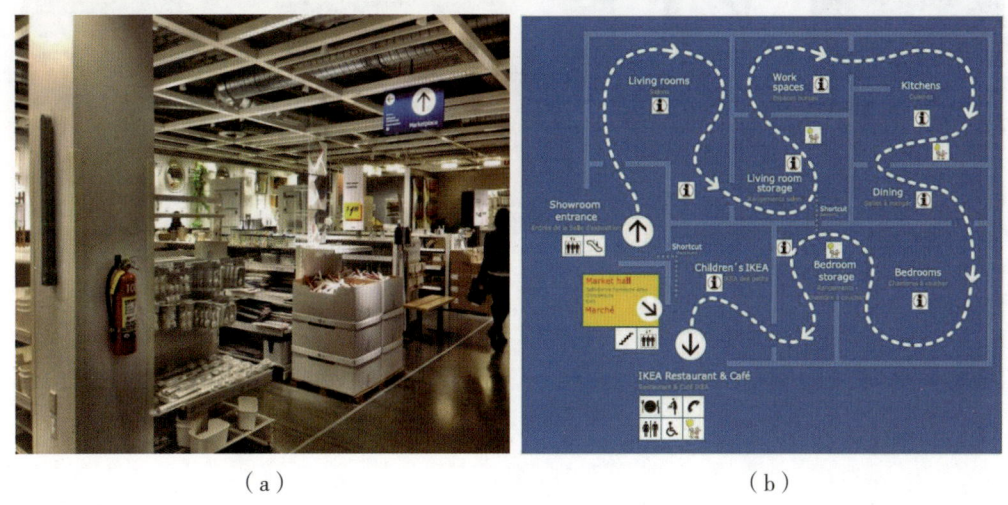

图 2.2　宜家家居的标识设计

（三）光线与空间感

光线在空间设计中的作用不仅仅是照明，还对空间的感知、氛围的营造以及用户的情感体验有着深远的影响。光线的强度、色温和分布都能影响空间的视觉效果和用户的心理感受。例如，明亮的空间通常会给人一种开放、自由和舒适的感觉，较暗的空间则能营造出更私密、安宁和平静的氛围。因此，光线的设计不仅要考虑到功能需求，还要根据不同的空间功能和情境需求进行调整。

在零售设计中，光线的运用常常决定了商品展示的效果（图 2.3）。通过聚光灯的使用，设计师能够突出商品的细节和特点，吸引顾客的目光，从而提高其购买欲望。高端商店常使用柔和的光线来营造高贵典雅的氛围，快销品店则通过明亮的灯光来增强空间的活力和能量。光线不仅能够影响用户的视觉感知，还能调节他们的情感和行为反应。因此，光线设计的合理运用，对于营造空间的氛围、提升空间的使用体验以及增强设计的情感价值具有不可忽视的作用。

图 2.3　商店聚光灯的使用

二、听觉感知

听觉是人类通过声波感知环境的重要方式，它不仅能影响人们对空间的认知，还能直接调动人们的情感。在设计中，声音被广泛应用于营造环境氛围、塑造空间体验以及提升用户的情感反应。良好的声环境能够增强空间的舒适度，改善用户体验；相反，不和谐的噪声则可能对用户的情绪产生负面影响，甚至影响他们的行为和决策。因此，设计师在空间设计中注重声学的合理运用，能够创造出更加和谐、宜人的环境。

（一）声音与情感联结

声音在设计中能够直接激发用户的情感反应，不同的声音类型和音调会产生不同的心理效应。自然界的声音，如潺潺的流水声、清脆的鸟鸣声，通常给人带来平静和舒适的感觉，因此常被应用于疗愈空间、休闲场所以及健康中心等环境中。例如，在一些高级水疗中心，按摩过程中常常伴随着柔和的自然音效，帮助用户放松身心、缓解压力。同样，在疗愈空间和冥想室中，播放鸟鸣或风声等自然音效，能够增强空间的舒适感和治愈感。

在酒店大堂和接待区域（图2.4），轻柔的背景音乐也是常见的设计手段。背景音乐的类型和音量能有效影响客人的情绪状态，缓解他们的疲劳感和焦虑情绪，从而提升整体体验。例如，酒店大堂常选择柔和的古典音乐或轻音乐，这些音乐能营造一种轻松、高雅的氛围，使得客人从进入酒店的那一刻起，就能感受到舒适和放松，进而提高客人的满意度和忠诚度。

图2.4　酒店大堂效果图

此外，在新加坡国家博物馆举办的 *Amazônia* 摄影展（图2.5）中，声音设计在增强观众情感体验和记忆方面发挥了重要作用[①]。在该展览会上，巴西摄影师塞巴斯蒂昂·萨尔加多（Sebastião Salgado）展出了200多幅黑白摄影作品，生动呈现了亚马逊雨林的壮丽景观以及其原住民的生活方式。为了提供沉浸式的多感官体验，展览特别配有由法国电子音乐家让-米歇尔·雅尔（Jean-Michel Jarre）创作的音景。这些音景融合了亚马逊雨林的自然声音，如流水声、鸟鸣声，以及原住民的音乐元素。这种声音设计让观众仿佛置身于雨林深处，与视觉影像相辅相成，增强了对展览内容的情感联结和记忆深度。

---

① 在展览设计中，声音元素不仅能增强沉浸感，还能影响观众的情绪和认知体验。研究表明，多感官刺激（如视觉与听觉的结合）能显著提高信息的记忆持久度，使观众更容易在情感层面建立深刻的联结。*Amazônia* 摄影展的声音设计正是这一理论的成功应用，通过结合真实环境音和艺术化的音乐创作，使展览不仅是视觉的盛宴，更成为一场跨感官的体验。

(a)   (b)

图 2.5   新加坡国家博物馆 *Amazônia* 展览现场

通过将自然声音融入展览空间，观众在视觉上欣赏摄影作品的同时，在听觉上能够感受到雨林的生机。这种多感官的刺激使观众能够更全面地体验亚马逊的生态之美和文化多样性，从而加深对展览主题的理解和记忆。

这一案例充分体现了声音设计在环境艺术和展览设计中的重要性。通过精心设计的声音元素，设计师能够直接激发用户的情感反应，增强体验的沉浸感和记忆效果。在类似的设计项目中，合理运用声音设计可以有效提升用户体验，使其对内容产生更深刻的情感共鸣和记忆。

（二）噪声控制与心理舒适

噪声是环境设计中的关键因素，直接影响用户的心理舒适度、情绪状态以及行为效率。研究表明[①]，当环境噪声超过70分贝时，人们的注意力和认知能力会受到干扰，而长期暴露在超过85分贝的噪声环境中，甚至会提高焦虑感和疲劳度。因此，在办公空间、教育环境、医疗场所等对安静需求较高的场所，噪声控制成为提升使用体验的关键环节。良好的声环境不仅能够减少用户的不适感，还可以提升其专注力、降低压力水平并提高整体空间的功能性。

噪声的类型与影响因场所不同而有所区别。高频噪声（如尖锐的机械声、刺耳的报警声）往往会使人神经紧张并产生焦虑感，在医疗环境和学校中尤其容易造成人们情绪不稳定。低频噪声（如空调和电梯运行声、远处的交通噪声）不一定

---

① 世界卫生组织（WHO）建议，办公环境的背景噪声应保持在50分贝以下，以确保认知任务的最佳执行状态。而在教育和医疗场所，过高的噪声不仅影响学生的专注力，还可能延长患者的康复时间。因此，合理的声学设计（如吸音材料、隔音结构、白噪声系统）在现代空间规划中至关重要。

会立刻引起烦躁，但长时间处于这种环境中，人们会注意力涣散，产生认知疲劳，从而降低学习和工作效率。背景噪声（如人声交谈、设备运作声）则在办公环境和学习空间中尤为重要，过高的背景噪声可能增加任务切换的频率，使工作完成时间延长 20%～30%。因此，在设计过程中控制噪声，使其维持在 40～60 分贝的舒适范围，有助于提高空间质量。

在噪声控制策略方面，不同的空间类型可以采取不同的吸音和隔音材料，以减少噪声传播，提高环境舒适度。例如，在图书馆和学习空间中，使用吸音地毯来减少脚步声，使用隔音窗帘和双层玻璃来降低外部交通噪声，同时在墙面和天花板采用软质织物壁板或吸音泡沫材料，这样可以有效减少回声，提高空间的安静度。在开放式办公空间中，合理的空间分区同样至关重要。通过可移动隔音屏、书柜、绿植墙等方式，可以有效减少同事之间的交谈声，使工作环境更加安静。研究显示，采用合理的噪声控制措施可以避免员工因环境干扰导致的生产力下降，使任务完成时间缩短 15%～30%。在机场贵宾休息室、医院病房和心理咨询室等特殊环境中，可以通过设置私密隔断、优化座椅布局，减少外部噪声的侵入，提高用户的专注度和舒适感。合理的声学设计不仅能提升空间使用者的满意度，还能有效增强场所的功能性，使环境更加符合不同用户的需求。

随着智能建筑技术的发展，现代噪声控制方案正在向智能化声环境管理方向发展。例如，在医疗和办公环境中，主动降噪技术（active noise cancellation, ANC）[①] 可通过智能算法实时检测环境噪声，并生成反相声波进行抵消，从而降低低频噪声的影响。此外，在高端写字楼、会议室或高噪声的商业空间，可以适当引入白噪声系统，利用柔和的流水声、风声或轻音乐掩盖突发性噪声，提高整体环境的安定感。研究表明，在过于安静的环境中，突如其来的噪声（如突然响起的电话铃声）对人的干扰更大，而适当的背景白噪声可以有效降低这种干扰，使人们更容易进入专注状态。

良好的噪声控制不仅能提升空间的物理舒适度，还能改善用户的心理状态和行为表现。研究发现，在低噪声环境（40～50 分贝）中，人们的专注力和记忆力

---

① 主动降噪技术（ANC）主要针对低频噪声（如飞机引擎声、空调嗡鸣、交通噪声），在开放式办公空间、医疗机构、交通道路等需要降噪的场景中具有显著效果。近年来，自适应 ANC（adaptive ANC）技术的发展使降噪效果更加高效，可根据用户环境变化自动调整降噪级别，提升舒适度和听觉体验。

比在高噪声环境（70分贝以上）提高25%，而长时间暴露于高噪声环境时，人们的压力激素（皮质醇）水平上升，导致情绪易激动和工作效率下降。对于医疗环境而言，噪声控制可以帮助患者获得更高质量的休息，降低焦虑感，并提高康复速度。

总的来说，噪声控制是环境设计中不可忽视的核心因素，它不仅决定了空间的舒适度，也影响着用户的情绪状态、专注力和整体体验。通过合理的声学材料、科学的空间布局、智能化降噪技术，可以创造更加宁静的环境，提高用户的心理舒适度。未来，随着人工智能感知技术、数据驱动声学管理系统的广泛应用，噪声控制将更加精准，为人们提供更加良好的空间体验。

（三）声音的品牌塑造

听觉感知不仅用于调节环境舒适度，还在品牌识别和塑造中发挥着关键作用。通过声音，品牌可以创造独特的听觉标识，增强人们对其的认知度和情感联结。例如，Intel的五音符标识和McDonald's的"I'm Lovin' it"旋律已成为全球消费者耳熟能详的品牌声音符号。

在零售和服务环境中，背景音乐的选择直接影响顾客对品牌的感知和行为。肯德基（KFC）在中国推出了K-Music音乐主题餐厅，顾客可以通过店内的点唱设备或手机应用程序选择喜爱的歌曲，定制用餐时的背景音乐。这种互动式的音乐体验不仅提升了顾客的用餐乐趣，还强化了品牌年轻、时尚的形象。

此外，Gucci等奢侈品牌通过精心策划的音乐歌单，与消费者建立情感联结。其在音乐平台上发布品牌专属的播放列表，该列表包含秀场音乐、设计师推荐曲目等，让消费者在日常生活中感受到品牌的独特氛围。背景音乐不仅影响品牌形象，还能影响顾客的消费行为。研究显示，轻松、慢节奏的音乐可以让消费者在愉悦的氛围中放松身心，延长停留时间，增加购买可能性。相反，快节奏的音乐则可能促使顾客加快购物速度，缩短停留时间。

总的来说，声音在品牌塑造中扮演着不可或缺的角色。通过巧妙运用声音元素，品牌可以提升识别度，强化与消费者的情感联结，从而在竞争激烈的市场中脱颖而出。

三、触觉、嗅觉与味觉感知

尽管触觉、嗅觉与味觉在环境设计中的研究应用相对较少,但这三种感官对用户的整体体验和情感反应有着重要的影响。随着人们对空间设计的需求日益多元化,设计师越来越意识到这些感官对空间氛围和用户心理的深远影响。在环境设计中,触觉、嗅觉与味觉往往能够通过细腻的设计增加空间的感官层次,提升空间的吸引力和情感价值。通过对这些感官的应用,设计师可以创造出更加立体和丰富的用户体验[18]。

(一)触觉感知与材料设计

触觉感知是人类通过皮肤与环境接触感知材质、温度、表面特性的重要方式。在设计中,触觉体验不仅影响用户对空间和物品的舒适度与亲近感,还能够营造特定的情感氛围,使空间更加符合使用者的心理需求。材料的选择和表面处理方式会影响人们对环境的感知。例如,木材的温润、金属的冷峻、石材的厚重,这些材质带来的触觉信息会对用户的心理产生直接影响。

不同材料的触感会带来不同的感觉。木质材料通常给人温暖、自然、亲和的感觉,因此广泛应用于住宅、酒店大堂、疗愈空间等需要营造温馨氛围的场所。例如,MUJI(无印良品)在家具和店铺设计中大量使用原木材质,通过其自然肌理和温暖的触感,塑造出轻松、简约的生活方式,让用户在触碰家具或摆件时,感受到温和与宁静。相比之下,金属材质由于表面光滑、导热性强,往往带有理性、科技感,因此多用于工业风建筑、科技产品和现代办公空间。例如,Apple 采用磨砂铝合金作为产品外壳,不仅增强了产品的高端感,也通过冰冷、坚固的金属触感,传递出简洁、精准的品牌价值观。

在家具和空间设计中,触觉体验直接影响用户的舒适度。例如,高端家具品牌 Herman Miller① 设计的办公椅采用高透气性的织物和记忆泡沫填充,不仅能提

---

① Herman Miller 作为人体工程学家具设计的领导者,其办公椅广泛应用于高效能办公环境,如科技公司、金融机构和设计工作室。其标志性产品 Aeron Chair 采用 Pellicle 网布,具有高透气性,并符合人体工程学支撑原理,能有效减少人们因久坐引起的腰椎压力和疲劳感。此外,该品牌的座椅设计基于大量人体工程学研究和用户数据分析,确保产品能够适应不同体型和坐姿需求,提高工作舒适度,优化健康体验。

供良好的支撑力，还能避免长时间使用带来的疲劳感。奢华品牌如 Gucci、Louis Vuitton，则在店铺内采用丝绒软包展示柜、皮革座椅，其细腻柔软的材质增强了品牌的高级感，使顾客在购物时获得更愉悦的触觉体验。在医疗空间和养老环境中，柔软、温暖的材质（如棉麻、皮革）能够有效降低患者的焦虑感，提高安全感，因此许多儿童医疗中心更倾向于使用皮质家具和柔和的织物材料，而非冷硬的塑料或金属家具。

触觉感知对公共空间的影响同样重要。例如，在地面材料选择上，天然石材和木质地板因其稳定、厚重的触感，被广泛应用于大堂、会所等空间，营造出尊贵的氛围。而在机场贵宾休息室、图书馆阅读区，设计师常选用柔软的地毯，以减少噪声，同时增强空间的舒适度。在汽车设计领域，高端品牌如 Mercedes-Benz 和 Tesla 采用 Nappa 皮革、麂皮顶棚、实木内饰，不仅能提供良好的触觉体验，还能提升驾驶舒适度，使用户在每次触碰方向盘、座椅或门板时，都能感受到品牌所赋予的高级感。

通过巧妙的材料选择和搭配，设计师可以调整空间的情感氛围，优化用户体验。例如，在高强度工作的办公环境中，使用触感柔和的桌面和舒适的椅垫，可以使人们减少疲劳感，提高工作效率。而在博物馆、展览馆等文化空间，光滑的大理石地面和金属扶手可以传递出理性、现代的设计风格，与展示内容相呼应。触觉感知不仅仅是一种功能性需求，更是增强空间情感价值的重要方式。

未来，随着智能材料和触觉交互技术的发展，触觉设计将不再局限于被动感知，而是通过温度感应、触感反馈等技术，实现更高级的交互体验。例如，智能家具可以根据用户的接触调整表面温度，使冬天的扶手不再冰冷，或者在办公桌表面增加触觉反馈模块，提高操作精准度。通过深入理解触觉感知的作用，设计师可以创造更具人性化、沉浸式的产品和空间，使人与环境的互动更加直观和舒适。

（二）嗅觉感知与空间氛围

嗅觉是人类最直接、最敏感的感官，它与情感和记忆紧密相关。研究表明，气味能够激活边缘系统（limbic system）①，这一大脑区域负责情绪和记忆，因此某些特定气味可以迅速唤起人的特定回忆。在空间设计中，合理的香氛策略不仅能够营造良好的环境氛围，还能帮助用户形成深刻的情感联结，提升空间的体验感和品牌认知度。嗅觉不仅能影响空间的整体感觉，还能作为品牌的隐形标识，强化品牌个性，使人们在无意识中形成长期记忆。

在高端酒店、商场和零售空间，香氛的运用已成为提升客户体验的重要手段。例如，丽思·卡尔顿（The Ritz-Carlton）②旗下酒店采用白茶香作为品牌专属香氛，营造清新、优雅且富有高级感的空间氛围，让宾客在进入酒店的瞬间感受到宁静与舒适。万豪国际集团（Marriott International）③在其部分酒店中使用柑橘香调，不仅增强了空间的清爽感，还能帮助客人缓解旅途疲劳，从而提升入住体验。香氛不仅仅是空间装饰的一部分，更是品牌塑造的一种感官策略，让用户在下次闻到相同的气味时自然地回想起相应的品牌体验。

零售环境中的嗅觉设计同样会对顾客行为和购买决策产生深远影响。Abercrombie & Fitch④在全球门店中广泛使用品牌香氛"Fierce"，这种带有木质麝香调的气味不仅能够强化品牌年轻、性感的形象，还能提升顾客对品牌的认同感，增强购物欲望。此外，研究发现，烘焙香味、咖啡香和香草味能够激发人的食欲，因此在烘焙店、咖啡馆和餐厅中，这些气味被广泛应用。例如，星巴克（Starbucks）的店铺中常弥漫着新鲜咖啡豆的香气，这不仅是一种自然产生的香味，也是品牌策略的一部分，让消费者在踏入店铺时，立刻沉浸在熟悉的"咖啡仪式感"中，从而延长停留时间，提高购买概率。

---

① 边缘系统（limbic system）在情绪调节、记忆存储和感官处理中起着关键作用，其中海马体（Hippocampus）负责记忆形成，杏仁核（Amygdala）则与情绪反应密切相关。研究发现，嗅觉信号比视觉或听觉信号更直接地传递至边缘系统，因此某些气味（如童年熟悉的食物香气或特定的花香）能够迅速触发情感共鸣和回忆。这一系统在品牌营销、室内设计和疗愈空间中被广泛应用，如酒店和零售商店常使用特定香氛来塑造品牌印象并增强顾客体验。
② 丽思·卡尔顿（The Ritz-Carlton）以奢华、高端的品牌定位闻名于全球，其核心服务理念"绅士淑女为绅士淑女服务"体现了对宾客体验的极致追求。
③ 万豪国际集团（Marriott International）是全球领先的酒店管理公司，旗下拥有万豪（Marriott）、JW万豪（JW Marriott）、瑞吉（St. Regis）、W Hotels等多个高端及奢华酒店品牌。作为行业先驱，万豪致力通过创新的客户体验塑造品牌形象，其中香氛策略便是其提升宾客感官记忆的重要方式之一。
④ Abercrombie & Fitch（A&F）是一家创立于1892年的美国时尚品牌，以年轻、活力和美式休闲风格著称。

在餐饮业中，嗅觉设计不仅能够影响顾客的情绪，还能直接提升餐厅的销售额。例如，麦当劳（McDonald's）利用炸薯条的香气吸引路人进入门店，许多烘焙店则在门口安装排风设备，让新鲜出炉的面包香气散发至街道，从而提高潜在顾客的进店率。此外，在高端餐厅，厨师不仅关注食物的味道，也会通过香草、柑橘皮或熏香木为菜品增添独特的嗅觉层次，使用餐体验更加完整和丰富。

嗅觉设计不仅用于商业场所，在疗愈空间中也被广泛应用。例如，日本的部分养老院会使用薰衣草和檀香木的气味来降低老年人的焦虑感，提高其睡眠质量。研究表明，薄荷香可帮助人们提高注意力，因此在一些学校和办公空间中，薄荷味的香氛被用于提高学习和工作效率。法国的部分医院会采用柑橘类香氛，使患者在候诊或治疗期间保持较为轻松的心情。

总体而言，嗅觉设计在空间营造、品牌塑造和用户体验优化方面具有很大的影响力。合理的香氛选择不仅可以强化品牌形象，还能够提升消费者的情感联结，促进商业销售，并提高人们的舒适度。未来，随着智能香氛系统的兴起，嗅觉设计将在个性化体验、情境氛围营造和健康管理等方面发挥更大的作用，使空间体验更加良好。

（三）味觉感知与情感设计

味觉是食物相关设计中至关重要的感官体验。吃食物不仅是填饱肚子的手段，更是丰富情感和体验的媒介。餐厅设计中的味觉感知通常与色彩、材质、氛围和菜单设计等多方面元素密切相关。设计师通过精心设计食物的色彩、口感和整体呈现方式，能够增强用户的用餐体验，让他们不仅仅是在品尝食物，还能通过多感官的刺激获得更深层次的感受。

例如，餐厅的菜单设计与菜品展示要考虑到食物的色彩和质感，这些细节能够增强顾客的食欲和情感反应。精美的餐具、色彩鲜明的食物以及巧妙的摆盘设计，能够吸引顾客的注意力，激发他们的味觉体验。此外，菜品的味道和质地的组合，以及每道菜的呈现方式，都能够通过味觉和视觉的综合感官刺激，提升人们的整体用餐感受。良好的味觉体验不仅能够增加顾客的满意度，还能够推动他们的消费行为，促使其成为回头客。

触觉、嗅觉和味觉是设计心理学中不可忽视的感官维度,尽管它们在设计中的应用程度相对较低,但它们对用户的情感反应和整体体验具有深远的影响(表2-1)。设计师通过巧妙运用这些感官,可以提升空间的情感价值,使其更具吸引力和亲和力。通过触觉感知的材料设计、嗅觉感知的氛围营造,以及味觉感知的细致布局,设计师能够创造出更加多元、立体和令人难忘的空间体验。这些感官的综合应用,不仅丰富了设计的功能性,还增强了其情感表达,提升了空间设计的深度和温度。

表 2.1　感官设计在空间中的应用与对用户体验的影响

感官	感知维度	设计领域	设计应用优点	对用户体验的影响
视觉	形状、色彩、光线、空间感	室内设计、建筑设计、景观设计	色彩、形状、光线影响人们的情感反应和空间感知	提升空间的舒适感、功能性和情感价值,改善用户的第一印象和空间体验
听觉	声音、噪声、音乐	商业空间、医疗场所	通过噪声控制和背景音乐营造空间氛围,改善情感体验	提升情感联结、舒适感和专注力,增强品牌认同感,优化用户体验
触觉	材质、温度、表面特性	家具设计、建筑材料、景观设计	材质和表面设计能增强空间舒适感,提升空间互动性	增强亲密感和舒适感,提升空间的情感价值和用户的整体感受
嗅觉	气味、香氛	酒店、零售空间、餐饮健康设施	香氛设计能强化品牌形象和营造空间氛围,也能增强情感联结	促进情感联结,提高舒适感和品牌认知,增强用户的空间体验
味觉	口感、味道、温度	餐饮空间、商业零售、食品展示	味觉设计能提升用餐体验,增强情感共鸣	增强用餐体验、提升食欲,强化与餐饮空间的情感联系,激发顾客的购买欲

第二节 空间认知

空间认知是设计心理学的重要研究领域，涉及人类如何感知、理解和利用空间。环境设计的成效在很大程度上取决于用户对空间的认知与行为反应。通过研究空间感知、心理地图和空间尺度对用户心理与行为的影响，设计师可以创造更符合用户需求的环境。

一、环境与空间感知

环境与空间感知是空间认知的基础，指人类通过视觉、触觉、听觉等感官感知周围环境的过程。通过这些感官的互动，个体能够形成对空间的全面认知，并根据感知到的信息调整行为模式。这种感知过程不仅影响用户对空间的第一印象，还直接决定了他们在空间中的行为方式和情感反应。例如，设计空间的方式、功能区的划分、材料的选用及声音的布置，都能够会用户的情绪、舒适度以及对空间的认同感。因此，理解和运用空间感知的原理是环境设计中非常重要的部分。

（一）视觉感知与空间体验

视觉感知是人类感知环境的主要渠道，它通过对空间的外部形态和布局的观察，影响人们对空间的初步理解和使用。人类的大部分感知信息是通过视觉获取的，视觉的效果直接影响到人们对空间的感知，如空间大小、形状、色彩、光线等。开阔的空间通常给人一种自由、舒适和开放的感受，而狭窄的空间可能带来压迫感和紧张感。例如，在菲律宾麦克坦宿务国际机场[①]候机大厅（图2.6）中，设计师通过采用高天花板和开放式布局，不仅提升了空间的通透感，还有效缓解了乘客在等候时可能产生的焦虑情绪，营造出轻松、宽松的环境氛围。

---

① 菲律宾麦克坦宿务国际机场（Mactan-Cebu International Airport, MCIA）是菲律宾第二大国际机场，以其现代化设计和高效乘客体验而闻名。

图 2.6　麦克坦宿务国际机场候机大厅

此外，色彩在视觉感知中的作用也不容忽视。暖色系通常使空间看起来更具活力和温暖，冷色系则给人一种宁静和安逸的感觉。在家庭或办公空间中合理运用这些色彩搭配，可以在不增加实际面积的情况下，通过视觉感知增强空间的开阔感或私密感。

（二）触觉与空间界面

触觉感知是通过与环境的物理接触获得的感知体验，它能显著影响人们对空间的感知和情感反应。例如，材质的质感、温度以及表面的触感都会影响用户的心理体验。在设计中，不同的材料和表面触感能传达出不同的情感。例如，光滑的金属扶手通常传递出现代感和科技感，给人一种干净、理性的感觉；粗糙的石材墙面则会营造更自然、质朴的氛围，给人一种温暖与舒适的感觉。

在景观设计中，触觉感知也起着至关重要的作用。通过选择不同质感的地面材料，如鹅卵石或木质地板，设计师能够创造出与空间功能相匹配的不同区域体验。例如，公园中使用鹅卵石铺设的小径能够激发游客的探索兴趣，并通过触觉感知引导游客逐步进入更私密或自然的区域。在室内设计中，温暖的木质地板或柔软的地毯能营造出温馨、舒适的居住或工作氛围。

（三）听觉环境与空间氛围

空间中的声音环境对用户的感知体验有着显著的影响。声音不仅能够通过物理声波直接作用于人的情绪，还能够通过营造特定氛围、引导行为模式来塑造整体空间体验。不同的声音环境会带来不同的心理和生理反应，从而影响使用者的情绪状态、舒适感和专注力。安静的环境通常与私密性、安全感和放松感相联系，而过于嘈杂或回声较强的环境可能会让人感到焦虑、不适，甚至产生社交孤立感。因此，合理的听觉环境设计对于办公空间、医疗环境、商业场所等具有关键作用。

在图书馆和学习空间的设计中，声音控制尤为重要。研究表明，40～50分贝的环境音量能让人们保持专注，因此大多数现代图书馆都会采用吸音材料、隔音玻璃、声学天花板等设计手段，以减少回声和环境噪声。例如，纽约公共图书馆（NYPL）[①] 采用高密度吸音地毯、书架作为物理隔音屏障，最大限度地降低了脚步声和谈话声，使读者能够沉浸于阅读和研究之中。同样，日本筑波大学图书馆通过智能声学调节系统，在自习区和交流区之间自动调节音量，以满足静音需求与互动需求，从而提高学习效率。

在办公环境中，合理的声音环境能够提升员工的专注力和生产力。开放式办公空间虽然鼓励协作，但过高的环境噪声往往会导致员工的专注力下降，因此越来越多的现代企业采用智能声学系统来优化办公体验。例如，谷歌（Google）在伦敦的办公室采用了吸音天花板、软性墙面材料，并在特定区域引入自然声音（如水声、风声），以减少会议区和个人办公区之间的声音干扰。此外，一些公司还引入个性化声环境，允许员工通过降噪耳机或白噪声设备来屏蔽不必要的噪声，从而提高工作效率。

在疗愈空间中，听觉环境的设计更需要考虑心理层面的影响。研究表明，柔和的背景音乐或自然声音可以显著降低患者的焦虑感，提高治疗过程的舒适度。例如，梅奥诊所（Mayo Clinic）在康复中心的等候区和治疗室播放轻柔的古典音乐或海浪声，帮助患者放松情绪，减少候诊和治疗过程中的紧张感。同样，日本的

[①] 纽约公共图书馆（New York Public Library, NYPL）是美国最大的公共图书馆，以其丰富的馆藏和安静的学习环境著称。

部分疗养院采用森林音频疗法，通过播放鸟鸣、流水等自然声音，提高老年患者的心理健康水平。英国伦敦皇家医院（Royal London Hospital）甚至在病房中采用了可调节声环境技术，使患者能够根据自己的情绪需求选择适合的音频模式，从而改善睡眠质量并加快恢复速度。

在商业和零售空间，听觉环境能够影响顾客的情绪和消费行为。节奏较快的音乐能够加快顾客的步伐，加快购物节奏；缓慢的旋律则会让顾客放慢脚步，延长停留时间，提高购物体验。例如，宜家（IKEA）采用了温和的背景音乐，以营造舒适、放松的购物氛围，使顾客更愿意花时间探索店铺内的产品。此外，高端品牌如 LV（Louis Vuitton）、Gucci，在门店中播放低沉且富有质感的爵士乐或电子乐，以增强品牌的奢华感和独特性，使顾客在购物过程中更易受到品牌氛围的感染。

总体而言，听觉环境的设计不仅影响空间的氛围，还深刻影响用户的情绪和行为。合理的声音管理可以提高专注度、降低压力、增强品牌认同，使空间体验更加丰富和人性化。未来，随着智能声环境技术的发展，可调节背景音效、个性化听觉体验和沉浸式声场等创新设计将进一步改变人们的空间感知，为学习、办公、医疗和商业领域带来更具针对性的听觉优化方案。

二、心理地图与空间行为

心理地图是用户根据个人认知和经验对空间形成的主观表征[19]，能帮助用户理解、记忆并有效导航环境。它不仅影响用户的方向感和定位能力，还深刻影响用户在空间中的行为选择和决策。每个人的心理地图都是独一无二的，它根据个体的经验、文化背景和认知方式而有所不同。通过对心理地图的研究，设计师可以优化空间布局，确保用户在环境中的行为流畅且符合预期。

心理地图的形成与用户的认知过程密切相关，它受到空间布局、标志性元素、路径和功能区划分等因素的影响。通过理解和运用心理地图的概念，设计师可以为用户创造更易于理解和导航的空间，从而提升空间的功能性、舒适性和用户的整体体验。

（一）心理地图的形成

心理地图的形成基于个体对空间认知的过程，受外部环境和用户个人经验的共同影响。标志性元素和空间布局是形成心理地图的重要组成部分。例如，在城市规划中，高耸的地标建筑（如塔楼、雕塑或大型广告牌等）能够增强空间的识别性和方向感，帮助用户更容易地建立起空间的认知框架。用户通过这些显著的地标元素来记忆空间的结构和布局，从而在实际行动中能迅速定位和确定方向。

在印度尼西亚独立广场中央，设计师设计了一座高132米的地标性建筑，其是该广场乃至整个城市的标志性元素（图2.7）。这一地标性建筑让游客在心理地图中形成清晰的空间认知，不仅能够帮助他们快速找到目的地，还能提升城市空间的整体感知效果，凸显文化内涵。设计师可以通过创造这些指引性元素，帮助用户更轻松地在复杂的空间中找到正确的路径。

图2.7　印度尼西亚国家纪念塔[①]

[①] 印度尼西亚国家纪念塔（Monumen Nasional, Monas）是雅加达最具象征性的地标，高132米，塔顶镶有35千克纯金火焰雕塑，象征着印尼人民争取独立的精神。

（二）心理地图与行为模式

心理地图会影响用户在空间中的行为模式，尤其是在空间布局复杂或功能多样的环境中。用户往往倾向于选择熟悉的路径和区域，这使得设计中的动线规划尤为重要。如果空间中的动线过于复杂，缺乏清晰的指示，用户可能会感到迷茫或不安，进而影响他们的行为决策。

以购物中心为例，用户在进入商场后，往往会选择他们熟悉的路线或商店，避免进入不明确的区域或复杂的动线布局。因此，在设计购物中心时，通过在关键节点设置明显的标识（图2.8），可以帮助用户快速找到目标区域，从而优化用户的行为流线，提升购物体验。例如，设计清晰的通道标识、楼层指示以及导视系统，不仅能帮助用户节省时间，还能减少他们在空间中的不确定感，使购物体验更加愉快。此外，空间中的视觉元素、光线变化和色彩的运用也能帮助用户形成更加清晰的心理地图，从而改变他们的行为选择和路径决策。

（a）
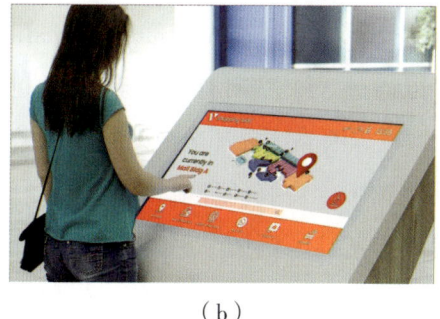
（b）

（c）

图2.8　购物中心的标识

（三）空间导航与设计优化

心理地图的研究对于优化空间导航设计具有重要的指导意义。心理地图指的是人们在心中构建的空间认知模型，它影响着用户在复杂环境中的方向感、路径选择和空间记忆。在医院、机场、博物馆、购物中心等大型空间中，复杂的布局可能会导致用户迷路和时间延误，甚至增加用户的焦虑感。在这些环境中，合理的空间设计和导航系统尤为重要。通过对心理地图的分析，设计师可以创造一个直观、易于理解的空间结构，从而提高用户的空间可读性和使用效率。

在大型医院中，复杂的走廊和病区布局导致患者和访客难以快速找到目的地，尤其是在没有清晰标识的情况下。研究表明，在医疗环境中，不清晰的导航系统可能会加剧患者的焦虑感，甚至影响其就诊体验。因此，许多现代医院开始采用色彩编码、标志性图形、数字编号等设计策略来优化空间导航。例如，克利夫兰诊所（Cleveland Clinic）采用色彩分区的方式，将不同楼层和科室划分为不同颜色的区域，使患者能够通过颜色提示快速找到自己所在的病区。类似地，新加坡中央医院（Singapore General Hospital）结合图标和数字标识，在关键路径上增加地面引导标志和信息屏，提高导航的直观性和可读性。这些方式不仅能减少用户的困惑，还能有效减轻医院工作人员的指引负担。

在机场和交通枢纽中，清晰的导航系统对于提升乘客的出行效率至关重要。许多机场，如伦敦希思罗机场（Heathrow Airport），采用大字体的标识牌、清晰的箭头指引和多语言标志，帮助乘客快速找到登机口或换乘通道。此外，一些现代机场还在关键位置安装智能交互屏幕，乘客输入航班信息，即可获取最优路线，提高出行效率。香港国际机场（Hong Kong International Airport）甚至开发了导航手机应用，乘客可以通过 APP 实时查询航班信息、登机口方向，并使用室内 GPS 功能自动规划路径，减少因路线混乱造成的时间损失。

在博物馆和展览馆中，良好的导航设计不仅能优化观展体验，还可以引导参观者按照最佳动线探索展品。例如，法国卢浮宫博物馆（Louvre Museum）采用了颜色引导系统，通过在地面铺设不同颜色的导向线，引导参观者前往不同主题展区。该博物馆还以标志性艺术品作为空间锚点，如"蒙娜丽莎"展厅的位置成为游客心中的导航基准点，使整个空间结构更加易于理解。

此外，增强现实（AR）和智能导航技术也被广泛应用于现代空间导航。例如，迪拜购物中心（Dubai Mall）采用了 AR 导航技术，用户可以通过手机摄像头扫描环境，实时获取路径指引，并获得商铺信息。在一些智慧城市项目中，如日本东京的智慧城市规划，政府已经开始测试 5G+AR 导航系统，让行人通过智能眼镜或手机屏幕实时获取方向指引，减少迷路风险。

综合来看，优化空间导航设计不仅能够减少用户的不确定感和迷失感，还能提高空间流畅度和用户满意度。未来，随着 AI、AR、室内导航技术的发展，智能导航系统将进一步提升空间的交互性和个性化水平，使用户能够更加高效、直观地与环境互动。

三、空间尺度与心理适应性

空间尺度是指空间的尺寸、比例与用户的心理感受之间的关系。用户的心理反应与空间的物理尺寸和布局密切相关，设计师需要根据用户的心理需求、行为模式和活动特点来调整空间的尺度，以提高空间的心理适应性。空间尺度不仅涉及空间的物理尺寸，还包括空间的比例、布局和分隔方式等设计因素。通过合理的空间尺度设计，可以有效增强空间的舒适性，提升用户的情感体验，并改变其在空间中的行为反应。

（一）空间尺寸对心理的影响

空间尺寸直接影响用户的心理舒适度，尤其是在居住、办公、商业和公共场所等环境中。人类对空间尺寸的感知不仅涉及生理上的适应，更涉及情感体验和心理状态。研究表明，狭小的空间往往会使人产生压迫感、紧张感和焦虑情绪，过于宽敞的空间则可能让人感到孤独、缺乏安全感，甚至产生冷漠的心理反应。因此，合理的空间尺度不仅能够提升舒适性，还能促进社交互动和稳定情绪。

在住宅设计中，空间尺寸直接关系到居住者的心理体验。例如，小型卧室容易给人带来局促感和压迫感，如在天花板高度低于2.7米、采光不足的情况下，居住者可能会因空间狭窄而感到焦虑。为了解决这一问题，设计师可以通过浅色墙面、镜面装饰、大面积玻璃窗和合理的灯光布局，增强空间的视觉延展性。例如，东京的微型公寓（tiny apartments）通过落地窗、开放式储物架和多功能家具，最大限度地减少视觉上的拥挤感，使小空间显得更加开阔。而过大的空间可能会减少家庭成员之间的互动，让空间显得冷清。宜家在其家居陈设中，采用巧妙的家具布置和照明分区，将大客厅划分为独立但有联系的功能区，如阅读角、会客区和用餐区，以增强空间的温馨感和社交属性，提升居住者的安全感和归属感。

在办公空间中，空间尺寸会对员工的工作效率、专注度和心理状态产生直接影响。过度拥挤的办公环境会导致员工的焦虑感增加、注意力分散、创造力下降，而过度宽敞的办公环境可能会让员工产生距离感，影响团队合作氛围。例如，谷歌和脸书的办公空间设计采用了开放式工位＋私密空间相结合的模式，为员工提供既能高效协作又能专注工作的平衡环境。此外，灵活办公（flexible workspace）趋势正在兴起，越来越多的公司采用可移动隔断、灵活座位和共享办公区域的方式，让员工根据需求选择最适合的空间类型，从而提高工作效率和舒适度。

在商业和公共空间中，空间的合理性直接影响用户体验和社交互动。例如，在奢侈品店，宽敞的店铺设计能营造高端、尊贵的氛围，如香奈儿（Chanel）和路易威登（Louis Vuitton）采用高挑空、极简布局的空间设计，以突出品牌的奢华属性。然而，在社区型商店或咖啡馆，过于宽敞的空间可能会让顾客缺乏亲切感，因此许多品牌（如星巴克）会采用半封闭式座位、小型桌椅摆放的方式，以增强顾客之间的互动。在机场休息区或共享办公空间，合理的空间划分（如独立工作区、开放社交区、静音区）可以提升使用者的舒适度，减少因空间布局不当带来的不适感。

空间感知与人的心理状态密切相关，影响着人们的社交互动、工作效率和生活品质。通过合理的空间规划、色彩运用、家具配置和功能分区，设计师可以在不同的场景下优化空间体验，使用户感受到更加舒适、温馨、富有归属感的氛围。未来，随着智能空间设计的发展，可变形空间、智能灯光和虚拟现实技术将进一步帮助人们提高空间感知能力，为人们提供更加个性化和高效的空间体验。

（二）空间比例与功能匹配

空间的比例关系直接影响用户的心理适应性和使用体验。合理的空间比例不仅能提升用户的使用效率和舒适度，还能优化空间氛围，使其更符合特定场景的功能需求。

在办公空间设计中，空间比例对团队协作、个人专注力有着直接影响。例如，在传统封闭式办公室中，过于狭长的布局可能会让员工感到束缚，降低交流的便捷性，从而影响团队协作氛围。现代开放式办公空间设计则注重空间比例的合理划分，如谷歌和微软（Microsoft）通过开放式协作区、独立专注区、休息交流区的合理配置，既保证了团队互动，又为员工提供了安静的工作环境。此外，共享办公空间（coworking space）也在调整空间比例方面作出创新，如 WeWork 采用灵活隔断和模块化家具，让空间既能适应大规模团队会议，也能满足个人独立办公需求。

在教育空间中，空间比例对学生的专注力和学习效率至关重要。研究表明，教室的天花板高度、座位间距和空间布局都会影响学习氛围。例如，过低的天花板可能会让学生产生压迫感，影响注意力集中；而过高的天花板可能会让学生感到疏离，降低课堂的互动感。芬兰的基础教育教室采用了灵活可调节的桌椅布局，同时保持适中的天花板高度（2.7～3米），以提高学习环境的舒适度。此外，教室的U形或阶梯式座位排列可以增强师生互动，均匀的座椅间距则确保每个学生都能清晰地看到教学内容。

在商业空间和零售设计中，空间比例的合理性直接关系到顾客的购物体验。例如，奢侈品店，如Prada、Louis Vuitton等品牌门店，通常采用较高的天花板（3.5米以上），搭配合理的动线设计，让顾客感受到品牌的奢华属性。而在快消品店（如7-Eleven或MUJI），紧凑但均衡的空间布局能够提高商品的可达性，减少购物动线，提高顾客的购买便利性。此外，在咖啡馆的设计中，空间比例的调整通常会结合社交和独处需求，通过合理的桌椅间距、半开放隔断和高度适中的吧台区，为顾客提供既能专注办公，又能轻松交流的环境。

合理的空间比例不仅影响人们的视觉感受，还直接关系到空间的功能性和心理舒适度。在不同的场景中，设计师可以通过调整天花板高度、优化座位布局、划分动静区域等方式，优化空间体验，提升社交互动、工作效率和学习效果。未来，随着智能建筑设计和模块化空间规划的发展，空间比例将变得更加灵活可调，以满足不同用户的需求，使空间设计更加人性化和高效。

（三）人性化设计与心理适应

人性化设计的核心在于关注用户的心理需求和行为模式，通过合理调整空间尺度、布局和细节设计，使其更符合用户的生理与心理特征，提高空间的心理适应性和使用舒适度。这一设计理念不仅涉及美学和功能性，还深入用户的情感需求、舒适感和安全感，能给用户带来更愉悦的体验。

高峰时段拥挤是地铁乘客普遍面临的问题。人们长期处于拥挤空间，容易引发焦虑和压迫感，甚至影响出行体验和心理健康。为了优化乘车体验，东京地铁（Tokyo Metro）采用了更宽敞的站立区域设计，减少座椅数量，以提高车厢的承载能力。此外，为了让乘客在高峰期有更多的活动空间，日本的一些新型地铁车厢采用了灵活布局系统，可根据客流情况调整座椅的摆放方式，确保乘客在车厢内能够更加自由地站立或移动。香港地铁（Mass Transit Railway）也在扶手设计上进行了改进，通过增加垂直扶手和横杆，确保不同身高的乘客都能找到合适的支撑点，从而减少乘车时的不稳定感，提高安全性。车厢内的灯光和色彩搭配也能在一定程度上影响乘客的情绪。例如，伦敦地铁（London Underground）采用了温暖的色调和柔和的 LED 照明，以减轻乘客在密闭空间中的紧张感，使环境更加舒适和人性化。

在机场等大型公共场所，合理的空间设计能够有效缓解乘客的焦虑情绪，提升候机体验。现代机场的设计不再仅仅关注功能性，而是越来越注重心理舒适度和用户体验。例如，新加坡樟宜机场（Singapore Changi Airport）通过大面积的开放等候区、充足的绿植和自然采光，创造出放松和舒适的候机环境。此外，该机场还设有休息区、按摩椅和景观花园，让乘客在长时间等待过程中能够获得放松体验。而阿姆斯特丹史基浦机场（Amsterdam Airport Schiphol）设立了宽敞的座椅区和独立安静区，并提供免费充电站，以满足不同乘客的需求，让候机变得更加舒适和高效。

在人流密集的购物广场，人性化设计可以提升用户的心理适应性。例如，迪拜购物中心通过设立宽敞的公共休息区、儿童游乐区和安静的阅读角，让不同需求的顾客都能找到适合的活动空间，减少因过度拥挤带来的疲劳感和不适感。相比之下，传统商场中过于密集的店铺和狭窄的动线容易使顾客产生空间压迫感和决策疲劳，从而降低购物体验。因此，现代零售设计越来越倾向于增加休闲区，优化动线设计，提高视觉通透性，以提高整体空间的舒适度，延长顾客的停留时间。

人性化的空间设计在优化公共空间体验的同时，还能提升用户的心理适应能力，帮助其在繁忙和拥挤的环境中获得舒适感和平衡感。通过科学的空间布局、灵活的家具配置、舒适的照明和合理的色彩运用，设计师可以创造出更加包容、高效、友好的空间，使用户即使身处高压力环境，也能保持安宁与愉悦。未来，随着智能化空间管理的进步，AI 导航、智能座椅调节、动态空间分配等技术的引入，将进一步推动人性化设计的发展，为用户提供更加个性化和适应性的空间体验。

第三节　色彩心理学

色彩是设计中最具视觉冲击力的元素，它不仅能够传递信息，还能直接影响用户的情感、行为和对空间的体验。色彩心理学研究色彩对情感的影响、色彩搭配与空间氛围，以及色彩设计的心理学基础。以下对其具体内容进行阐述。

一、色彩对情感的影响

色彩在设计中不仅具有视觉吸引力，更具备强大的情感唤起功能。不同的颜色能够激发特定的情感反应，影响用户的心理状态、行为选择及空间的氛围。因此，色彩的应用在环境设计中占据着重要地位。设计师通过巧妙的色彩搭配，不仅能增强空间的功能性，还能通过色彩激发用户的情感反应，从而提升整体的使用体验。

（一）暖色系与情感激发

暖色系（如红色、橙色和黄色）通常与活力、能量和兴奋感相关联，能够刺激用户的生理反应，活跃氛围，并通过温暖的视觉效果激发情感共鸣。因此，这些颜色在商业、教育、社交和创意空间中被广泛应用。

红色是暖色系中最具冲击力的颜色，它能够引发兴奋、紧张和积极情绪，并刺激新陈代谢，因此常用于需要吸引注意力或增强互动感的场所。在餐饮行业，红色能够增强食欲，加快顾客的消费决策速度，使他们更愿意进入餐厅并缩短就餐时间。例如，麦当劳、肯德基（KFC）和必胜客（Pizza Hut）的品牌均采用红色，以激发食欲并传递快捷、活力的品牌形象。此外，在促销广告中，红色被广泛用于折扣信息和CTA（call to action）按钮，如在"双11"购物节和"黑色星期五"促销海报中，红色的使用能够有效激发消费者的购买冲动，提升消费者的决策速度。

橙色能够传递出温暖、友好和活力感，适用于零售空间、教育环境和社交场所。研究表明，橙色能够激发创造性思维，促进积极情绪，因此常见于儿童活动中心、办公室和社区空间，以鼓励人们互动和交流。例如，荷兰某些创新型学校采用橙色作为主色调，以提高学生的参与度和创造力；现代联合办公空间（如WeWork）也常用橙色点缀，以营造社交氛围，让人更易进入合作和沟通的状态。此外，橙色在运动品牌（如耐克）的门店设计中也被广泛使用，以传递能量，引导消费者购买运动产品。

黄色代表快乐、乐观和创造力，被认为是比较能引发愉悦感的颜色之一。它常用于儿童空间、休闲区域、创意办公区和艺术展览空间，以营造轻松愉悦的氛围。例如，乐高（LEGO）体验中心采用明亮的黄色，以激发儿童的创造力和探索兴趣；谷歌等科技公司的创意办公区也经常使用黄色作为点缀，以活跃员工思维，提高创新效率。在城市设计中，黄色被用于交通标识和安全提示，因为其高对比度能够提高可见性，同时带给人警觉但不紧张的感觉。

暖色系在空间设计中不仅影响用户的情感和心理反应，还能够改变其行为模式。设计师合理运用红色、橙色和黄色，可以在不同的场景下优化用户体验。未来，随着色彩心理学与智能空间技术的发展，设计师可以结合情境光效、个性化色彩调控等手段，使空间色彩更具适应性，为用户提供更加沉浸和舒适的视觉体验。

（二）冷色系与情感平复

与暖色系相对，冷色系（如蓝色、绿色和紫色）通常具有放松、镇定和舒缓的作用。

蓝色被广泛认为是具有冷静、稳定和抑制情绪效果的颜色，能够有效降低人们的心理压力，使其保持专注。蓝色在医疗、办公空间及休闲场所中被广泛应用，能够帮助用户在这些环境中放松并恢复能量。研究表明，蓝色能够提高用户的工作效率，并降低其焦虑感，因此它常常作为办公环境和医院等公共空间的主色调。

绿色与自然息息相关，能为用户带来平静与舒适的感觉，因此在疗愈空间、生态建筑和花园设计中得到了广泛应用。绿色能够缓解眼睛疲劳，并帮助人们恢复精神，促进身心健康。在一些与精神健康相关的空间，如疗养院或心理治疗室中，绿色色调常被用来营造宁静、平和的氛围。

紫色，因其神秘和高贵的特质，通常与奢华和尊贵相关联。它常常出现在高端酒店、豪华商场或艺术展示空间中。紫色既具有冷静感，又能传递优雅和艺术气息，常用来提升空间的精致感和档次。

（三）中性色与情感平衡

中性色（如黑色、白色和灰色）是一种平衡色，具有中性和多功能的特质，能够调和其他颜色的情感效应，起到稳定和过渡的作用。

黑色通常与权威、庄重、优雅相关联，是许多高端品牌和奢侈品商店的常用色。黑色能够增强空间的正式感和精致感，因此常用于会议室、高端餐厅等需要表现权威和品质的空间。

白色与纯洁、清新、简约相关，常用来营造干净、简洁和开放的氛围。由于白色能够增强空间的明亮感和宽敞感，因此在医疗空间、现代简约风格的室内设计中广泛使用。白色的应用可使空间获得更加清新的视觉效果，提升整体的视觉舒适度。

灰色作为一种低饱和度的中性色，能够为空间提供冷静和优雅的背景色。它在极简主义设计中尤为重要，因为其不会过于抢眼，能够与其他颜色和元素进行完美的搭配。灰色常用于办公室和博物馆等需要冷静、专业氛围的场所，能为空间增添一种现代感和精致感。

二、色彩搭配与空间氛围

色彩搭配不仅会影响空间的视觉效果，还能够传递不同的情感和功能。通过合理的色彩搭配，设计师能够创造出具有特定氛围的空间，从而影响用户的情绪反应和行为模式。不同的色彩组合通过对比、协调或平衡，能够唤起人们的不同心理和情感反应，因此色彩搭配在环境设计中扮演着至关重要的角色。

色彩搭配方式有单色搭配、对比搭配、邻近色搭配和中性色与主色搭配。每种搭配方式都有其独特的功能和应用场景，设计师需要根据空间的功能、用途和目标用户群体，合理运用这些色彩组合来营造空间的氛围。

（一）单色搭配

单色搭配是指使用同一色系的不同明度和饱和度来创造统一和谐的视觉效果。

这种搭配方式强调色彩的层次感和深度感，能够让空间看起来更加整洁和协调，适用于追求简约和现代感的设计风格。通过调节色调的明暗，设计师能够在同一色系中创造出丰富的变化，避免色彩过于单调而失去活力。

例如，在展览空间的设计中，使用蓝色的单色搭配能够突出科技感与现代感。不同明度的蓝色能够呈现出从浅蓝到深蓝的过渡，增强空间的视觉深度，并且蓝色本身具有镇静和平衡的作用，适用于展示科技创新或现代艺术类的主题。在这种设计中，蓝色的单色搭配能营造冷静、理性且具有未来感的空间氛围。

（二）对比搭配

对比搭配是通过使用互补色来创造鲜明的视觉冲击力，常常用来吸引注意力并强调特定的设计元素。这种搭配方式适合需要高对比度、视觉冲击和活力的空间，能够引起用户的情感反应，激发其活力和动感。

例如，在餐厅设计中，红色与绿色的对比搭配常常被用来吸引顾客的注意力，同时增强食物的视觉吸引力。红色能够激发食欲，绿色则给人一种清新和健康的感觉，红色与绿色的搭配能够形成强烈的视觉对比，使得餐厅空间生动且富有活力。对比搭配不仅能够提升空间的功能性，还能够带来更强的视觉冲击力，增强空间的吸引力。

（三）邻近色搭配

邻近色搭配是指使用色环上相邻的颜色来营造自然、柔和的氛围。这种搭配方式通过色彩之间的和谐关系，能够避免过于强烈的视觉对比，创造出平和、温馨的效果。邻近色搭配适用于需要放松、舒适和安静的空间，能够使用户在空间中感受到放松和愉悦。

例如，在疗愈空间中，绿色和蓝色的邻近色组合能够增强舒适性和放松感。绿色代表着自然、平静与舒适，蓝色代表着安宁与清新。这两者的搭配不仅能让空间看起来更加和谐自然，还能在心理上给人以安心和放松的感觉。这种色彩搭配常用于医院、冥想室或任何需要治愈性氛围的环境设计中。

(四)中性色与主色搭配

中性色作为背景色,能够突出主色的表现力,并且为空间提供一种平衡感和稳定感。中性色如黑色、白色、灰色等,通常在空间设计中充当基础色或辅助色,避免过多的色彩刺激,帮助主色更加突出,从而营造出更具层次感的空间氛围。

例如,在办公室设计中,以灰色为主基调,橙色作为点缀,既能保持整体空间的稳重感,又能注入活力和动感。灰色作为中性色,不仅为空间提供了冷静、优雅的背景,还能使橙色等鲜艳的颜色更加突出,营造出一种既专业又不失活力的氛围。这种搭配方式常见于现代办公环境及商业空间等场所,使空间具有高效与创意并存的特点。

二、色彩设计的心理学基础

色彩设计不仅要呈现视觉的美学效果,还与人类的情感、行为和心理状态紧密相关。通过心理学的研究,设计师可以运用科学的理论来优化色彩的应用,从而达到增强设计效果和改善用户体验的目的。色彩的使用能够影响用户的情感反应、行为模式,甚至空间的功能性,因此,色彩设计是环境设计中不可忽视的重要环节。

色彩不仅仅是一种视觉元素,还深深根植于人类的心理、文化和社会背景中。不同的色彩会激发不同的情感联想,并在空间设计中传递特定的信息。理解这些色彩心理效应,有助于设计师在空间设计过程中作出更加合理的色彩选择,从而达到预期的情感效果。

(一)色彩联想与文化背景

不同的文化背景赋予色彩不同的心理联想和象征意义。色彩在各种文化中具有独特的情感表达作用,这些差异对设计的有效性和受众接受度产生深远影响。例如,在西方文化中,白色通常与纯洁、婚礼、清新等内容相联系,因此常在婚礼、医疗空间以及与纯净相关的设计中使用。然而,在东方文化中,白色则与哀悼、丧失和悲伤相联系,这样的文化背景可能影响人们对白色的感知。

因此,设计师在进行跨文化设计时,必须充分考虑目标用户的文化背景,避免色彩误用导致的不适感或误解。例如,在为不同文化背景的客户设计公共空间或商业环境时，设计师需要选择符合当地文化习惯的色彩，使空间与用户产生情感共鸣，避免引发负面的情感反应或文化冲突。

（二）色彩与环境功能匹配

色彩设计的另一项重要考虑因素是空间的功能性。色彩不仅影响空间的美学效果，还与空间的功能和氛围息息相关。例如，在教育空间中，明亮的黄色和绿色通常用于吸引学生的注意力，激发学生的创造力。黄色常常给人以活力和温暖的感觉，绿色则与自然、放松和恢复活力相关联，因此它们常用于教室、创意空间等地方，帮助人们提高学习和创造的效率。

在卧室等休息空间中，柔和的蓝色、灰色或浅色调能够创造出安静、舒适的睡眠环境。蓝色与平静和放松的心理状态相关联，因此常被应用于需要安静氛围的空间，如卧室、浴室等。色彩的功能性不仅体现在对用户情感的影响，还在于为空间营造适宜的环境氛围，满足用户特定的心理和生理需求。

（三）色彩对行为的影响

色彩不仅影响情感，还会影响用户的行为模式。研究表明，色彩对人的行为有着直接的影响，它能够改变人们的决策方式、行动速度和空间使用模式。例如，在快餐店中，红色和黄色常常被用来促使顾客作出消费决策，激发他们的食欲并加快用餐速度。红色和黄色不仅视觉冲击力强，还能引发兴奋和紧张的情绪，这种情感变化会促使顾客作出购买决定。

在咖啡馆等休闲场所，柔和的棕色和米色更能够促使顾客长时间停留。棕色和米色给人温暖、舒适的感觉，使得顾客愿意在此放松和社交，从而延长他们在此空间内的停留时间。通过这种色彩的行为引导，设计师能够在特定环境中引导用户的行为，从而提升空间的功能性和商业价值。

（四）色彩对品牌与情感的塑造

色彩在品牌设计中起着至关重要的作用，能够传递品牌的核心价值和情感内涵。例如，科技公司常选择蓝色作为品牌的主色调，因为蓝色代表着创新、专业和可信赖；绿色在生态和健康品牌中的运用较为广泛，因为绿色与自然、环保、健康和生命力联系在一起，能够帮助品牌塑造亲近自然、关注环保和用户健康的形象。

通过色彩，设计师不仅能够提升品牌的视觉识别度，还能通过颜色传达品牌的精神和文化。例如，运动品牌常使用鲜艳的红色和橙色来激发活力和能量，奢侈品牌则偏爱黑色、金色和深紫色，以传达奢华、优雅和高端的品牌形象。设计师通过对色彩的深刻理解和巧妙运用，能够为品牌注入独特的情感价值，从而增强品牌的吸引力和市场竞争力。

感知与认知是空间设计的基础，直接影响用户的情感体验和行为反应。视觉感知是最主要的感知通道，色彩、形状和光线设计塑造了空间的形象，影响着用户的情绪和行为。例如，色彩不仅传递情感，还引导空间的使用，形状和光线能帮助设计师营造空间的氛围。设计中的这些视觉元素共同作用，创造出符合用户需求的空间体验。

除了视觉感知，听觉、触觉、嗅觉和味觉也在设计中发挥着重要作用。声音环境能够调节用户的情感状态，营造空间的氛围，背景音乐和噪声控制直接影响人们的舒适度和专注力。触觉、嗅觉和味觉虽不如视觉和听觉常见，但通过精心的材料选择、香氛设计和味觉体验，设计师可以进一步丰富用户的感官体验，增强空间的情感价值和吸引力。

空间认知能帮助设计师优化空间布局和动线设计，以改善用户的行为模式，提高导航效率。心理地图的研究揭示了用户如何根据个人经验与环境元素进行定位与行为决策，这对于大型公共空间的设计尤为重要。色彩设计也与空间认知紧密相关，通过色彩的文化联想和情感引导，设计师能够强化用户对空间的情感认同，提升整体空间的舒适感和功能性。通过综合运用这些感知与认知的原理，设计师能够创造出更加以人为本、符合心理需求的空间设计。

课后思考与实践

1.选择某一实际环境（如学校教室、零售商店、医院或公园），分析其中的感知心理学应用。具体从视觉、听觉、触觉、嗅觉或味觉的角度探讨感官设计如何影响用户的情感和行为。实践延伸：提出一个优化建议，并结合感知心理学理论阐述其科学依据及预期效果。

2. 针对某一室内设计案例（如住宅、办公室、图书馆或餐厅），重点分析色彩、形状和光线设计的视觉感知效果。同时，探讨这些视觉元素如何影响空间氛围和用户行为。实践延伸：基于分析结果，提出改进设计的具体方案，并预测改进后对用户情绪和行为的影响。

3. 选择一个复杂的公共空间（如购物中心、医院或博物馆），设计一项研究计划，以调查用户的心理地图形成过程及空间导航体验。实践延伸：结合研究结果，设计一个改善用户导航体验的方案，如增加地标元素、优化指示系统或使用增强现实（AR）技术。

4. 分析一个多文化背景的设计案例（如国际连锁酒店、机场或博物馆），研究色彩的文化象征，以及其对用户情感和行为的影响。实践延伸：结合具体文化背景，提出符合目标用户心理的色彩优化方案，增强设计的情感认同和文化适应性。

第三章 情感与体验

情感与体验是设计心理学的重要部分。情感设计不仅提升了产品和空间的使用价值,还在美学、功能性和文化表达方面提供了独特的优势。通过情感设计,设计师可以增强用户对设计对象的认同感,同时通过优化用户体验,为不同场景和目标人群提供更贴心的设计解决方案。本章介绍了情感设计的基本理论、用户体验与环境设计,以及设计风格与情感效应。这些内容为设计师提供了理论基础和实践指导,使他们能够更深入地洞察用户需求,从而优化设计方案。

通过本章的学习,设计师能提高在情感设计、用户体验优化和文化情感表达方面的能力,掌握如何利用情感设计三层次理论优化产品和空间,学会在多样化场景中满足用户的情感需求,并通过理解文化背景和符号实现更有意义的设计表达。这些能力不仅能增强设计的用户黏性,还能为设计师在职业生涯中提供更多创新的可能性。

第一节 情感设计的基本理论

情感设计是设计心理学的重要分支,研究设计如何唤起用户的情感共鸣,从而提升用户体验和设计价值。良好的情感设计不仅能满足用户的功能需求,还能通过视觉、触觉和交互方式激发用户的积极情感,增强产品的吸引力和用户的满意度。本节重点阐述情感设计的三层次理论以及情感在设计中的表达方式。

一、情感设计三层次理论

情感设计三层次理论由认知心理学家唐纳德·诺曼[20]（Donald Norman）提出，强调设计需要通过本能、行为和反思三个层次激发用户的情感共鸣。这一理论为设计师提供了全面理解用户情感反应的框架，促使设计师提升设计的功能性与情感价值。

（一）本能层次

本能层次是用户对设计的最初感知，通过视觉、听觉、触觉等感官刺激直接影响用户的情绪。这种反应是即时且下意识的，与人类的生理本能紧密相关。设计师在这一层次的目标是迅速吸引用户的注意力，激发其愉悦感和兴趣，从而为后续的使用体验建立良好的情感基础。

在实际应用中，本能层次主要通过颜色、形状、材质、声音等元素传递设计的吸引力。例如，在智能手机的外观设计中，圆润的边角、光滑的玻璃面板和柔和的颜色组合往往能激发用户的愉悦感。这种设计不仅让产品在视觉上显得高档和现代，还通过触觉上的顺滑体验进一步增强了吸引力。另一个例子是在食品包装设计中，明亮的色彩和流线型的形状会让用户在视觉上产生愉悦情绪，从而增强其购买欲望。

此外，本能层次的设计还需要结合目标用户群体的感官偏好。例如，儿童产品通常采用鲜艳的颜色和柔软的材质，以吸引孩子的注意力并激发他们的好奇心（图 3.1）；面向成年人的高端电子产品则更倾向于采用简约色彩和金属质感，以传递专业性和高科技感（图 3.2）。本能层次的核心目标是让用户在第一眼就对设计对象产生积极的情感反应，从而提升产品的吸引力和市场竞争力。

图 3.1　鲜艳颜色的儿童产品　　　　图 3.2　金属质感的高端电子产品

（二）行为层次

行为层次是用户在与设计对象交互过程中的体验，关注设计的功能性、可用性和操作的便利性。这一层次强调通过优化用户与设计的互动方式，提升用户在使用产品过程中的舒适感和满意度。行为层次的设计直接关系到用户对产品或服务的接受度和忠诚度。

行为层次的典型应用体现在导航系统中。一个优秀的导航设计需要确保操作界面直观易懂，并提供清晰的路径指引。例如，在高铁站的导航系统中，通过色彩编码（如用不同颜色区分列车的车厢）、符号标识（如箭头或站点名称）及明确的站点地图，用户可以快速找到目标地点。这种设计简化了复杂环境中的决策过程，减少了用户的焦虑感和迷茫感，从而提高了整体使用体验。

在行为层次上，设计师需要考虑使用者的行为习惯和活动需求。例如，在广场的布局设计上，合理划分不同功能区域，用明显的地面铺装或低矮的绿植边界区分休闲区、活动区和通道；在休闲区设置符合人体工程学的座椅，其高度、角度和间距都经过精心设计，让人坐下就能感受到舒适与放松；活动区则采用防滑、耐磨的地面材料，确保使用者在进行各类活动时的安全。同时，在广场的入口、转角等关键位置设置简洁明了的指示标识，引导人们快速找到想去的区域。这些设计不仅方便了人们在广场中的活动，还在无形中提升了人们对广场的好感度。

行为层次的设计成功在于通过功能和操作上的细致优化，让用户在使用过程中感受到流畅和舒适，同时降低不必要的学习成本。

(三)反思层次

反思层次是用户在使用设计对象后的深层感受和价值认同,这一层次超越了即时的感官和行为体验,更多地涉及用户的文化背景、社会地位和生活价值观。反思层次的设计通过情感和价值的结合,增强用户对设计的认同感。

在城市公园设计中,小鱼山公园别具特色。它位于青岛市市南区的鱼山路,是一座具有古典风格的山头园林公园。公园虽面积不大,但园内亭台楼阁错落有致,巧妙地结合了山海景观。沿着蜿蜒的小径拾级而上,沿途可以欣赏到不同角度的红瓦绿树、碧海蓝天。园内的建筑采用传统中式风格,飞檐斗拱,雕梁画栋,与周边的自然景色相互映衬。游客在此游玩,既能感受到青岛独特的城市风貌,又能体会到传统园林文化的韵味,还能激发其对传统文化的认同感。

在实践中,情感设计的三个层次常常是相辅相成的。本能层次通过了解用户的喜好,为设计吸引用户提供入口;行为层次通过优化交互体验,增强用户的使用满意度;反思层次则通过文化、社会和情感价值的传递,使设计成为用户生活的一部分,产生深远的影响。

情感设计三层次理论引导设计师从用户的多维度情感需求出发,创造不仅功能完善而且富有情感价值的设计成果。这一理论的应用,不仅提升了设计的科学性和人性化水平,也为设计创新和用户体验优化提供了重要的理论指导。

二、情感在设计中的表达方式

情感设计通过视觉、交互和叙事等多种方式将情感融入设计对象,使其不仅满足功能需求,更能在心理和情感层面与用户建立深刻的连接[21]。以下从具体维度阐述情感在设计中的表达方式及其影响。

(一)视觉表达

视觉表达是情感设计中最直接且最具冲击力的方式[22],通过色彩、形状和材质等视觉元素引发用户的情感共鸣,为设计建立第一印象。

(1)色彩表达情感[23]。色彩对人类情感的影响是深远的,不同的颜色能够传递不同的情绪。例如,明亮的黄色通常与欢乐和活力联系在一起,柔和的蓝色则能让人感到平静与安宁。在儿童产品设计中,鲜艳的红色、绿色和橙色经常被使用，不仅能够吸引儿童的注意力，还能营造出活泼愉快的氛围。相比之下，高级家居产品则倾向于使用中性或低饱和度的颜色，如深灰、米白和浅木色，传递出简约、优雅的感觉。

（2）形状传递感受。形状在视觉设计中起着重要作用。例如，流线型的设计通常被视为温暖和友好的象征，因此在家用电器中常见圆润的外形，如智能音箱的圆柱体设计不仅让人感到亲切，还增加了产品的安全感。而棱角分明的形状传递出力量与权威感，适用于工业设备或商务场景。例如，高端办公设备常采用方正且对称的形状，以体现专业性与可靠性。

（3）材质激发触觉联想[24]。材质在视觉和触觉中都具有重要作用。例如，木质材料的纹理和色调通常传递出自然与温暖的感觉；玻璃和金属则因其光滑的表面和反光特性传递出现代感与高科技感。这种通过材质选择实现的情感传递，不仅影响用户对产品的第一印象，也增强了用户对产品的认同感。

（二）交互表达

交互设计强调用户在使用设计对象时的互动体验，通过流畅、直观的操作激发用户情感，使用户在使用过程中获得情感上的满足。

（1）触觉交互带来即时反馈。触觉反馈是交互设计中重要的一环。通过振动、压力感应等技术，用户能够在操作时获得即时的触觉确认。例如，智能手机的触屏振动反馈让用户在输入时产生"按键"的感觉，增强了操作的可靠性和愉悦感。此外，游戏手柄通过震动效果模拟场景中的动作，如爆炸或碰撞，为用户提供身临其境的交互体验。

（2）动态效果增加趣味性。界面的动态效果能够缓解用户在等待过程中产生的焦虑，同时提升交互的趣味性。例如，加载页面中的动画设计，如旋转的图标或跳动的点状元素，不仅能够传递"正在处理"的信息，还可以通过可爱或有趣的动画形式分散用户的注意力，让等待过程显得更短。

（3）个性化设置增强参与感。个性化设置是用户体验设计的重要方向之一。在个性化设置中，允许用户根据个人偏好调整界面颜色、字体样式或功能布局，这样可以增强用户的参与感和控制感。例如，音乐播放器允许用户创建个性化的播放列表并选择主题颜色，这种自主设计的体验让用户感到他们是产品的一部分，从而与设计对象建立更紧密的情感联系。

（三）叙事表达

叙事表达通过赋予设计对象独特的背景故事或情境，使其超越功能本身，成为情感和文化价值的载体，与用户形成深层次的心理连接。

（1）品牌故事传递价值观。品牌通过故事强化与用户的情感联结。例如，环保饮用水瓶可以通过叙述其制造过程中减少碳排放、使用可回收材料的环保理念，吸引注重可持续发展的消费者。这样的设计不仅是一种功能性解决方案，更是一种价值观的体现，能够让用户通过选择产品表达自己的态度与理念。

（2）情感唤醒激发回忆。一些设计通过唤起用户的怀旧情绪或特定记忆来增强情感共鸣。例如，复古风格的产品设计（如怀旧款收音机）通过特定的外观、材质或音效，勾起用户对过去美好时光的回忆。这种情感唤醒不仅增强了设计对象的独特性，还使其成为用户情感寄托的一部分。

（3）场景化设计创造沉浸式体验。通过场景化设计，用户能够被引导至特定的情境中，从而产生强烈的情感共鸣。例如，AR（增强现实）技术在旅游中的应用可以重现历史场景，让用户"走进"过去的城市街道或文化遗址，从而在视觉和情感上深度体验历史的魅力。这样的场景化设计不仅提供了多感官的沉浸式体验，还增强了用户对设计的记忆和价值认同。

第二节　用户体验与环境设计

用户体验是环境设计中的核心议题，指用户在与空间互动过程中产生的感知、情感和行为反应。优秀的环境设计能够通过情感联想和心理归属感增强用户的认同感，同时通过增强舒适性与安全感提升用户的整体体验。本节从这两个方面探讨用户体验与环境设计的关系。

一、情感联想与心理归属感

情感联想与心理归属感是用户体验中不可或缺的两个维度。优秀的环境设计可以通过一定的空间特质和元素配置，触发用户的情感共鸣并增强他们对环境的归属感。这种设计不仅提升了环境的功能价值，还深化了用户与空间之间的情感联系。

（一）情感联想的触发

情感联想是用户在接触环境时，由视觉、触觉及符号元素等触发的对特定记忆或情境的感知反应。这种联想往往能够激发用户内心的情感共鸣，使空间超越物理维度，成为情感表达的媒介。

案例：历史街区改造

在历史街区的改造项目中，通过保留标志性建筑、传统工艺和地域文化符号，可以有效唤起居民或游客的情感记忆。例如，北京南锣鼓巷的改造项目（图3.3）以四合院的建筑元素和传统街巷的空间肌理为核心，保留了老北京的文化特色。漫步其中，游客可以通过青砖灰瓦的建筑、传统小吃摊点和地道的北京方言，感受浓厚的地域文化氛围。这些设计细节成功地唤起了人们对老北京生活的怀念，使其成为既能承载文化记忆又有商业活力的空间。

图 3.3　北京南锣鼓巷的改造项目

在设计过程中，合理运用地域文化符号、自然元素和艺术表达，可以强化环境的情感特质。例如，通过将自然景观融入建筑设计，或在空间中设置承载历史记忆的装饰物，能够使用户建立情感联想。这种设计策略不仅提升了空间的吸引力，还增强了用户对环境的情感依赖。

（二）心理归属感的形成

心理归属感是一种用户在环境中感到被接纳和被认同的心理状态。优秀的环境设计能够通过功能性和社交属性的优化，使用户形成心理归属感，让他们感到这片空间是属于自己的。

案例：大学校园设计

大学校园的设计是使学生形成心理归属感的方式之一。例如，斯坦福大学的中心广场（图3.4）以开放式草坪、互动性强的区域布局和多功能教学空间著称。这些设计不仅为师生提供了学习和社交的场所，还成为校园文化活动的承载空间。无论是日常课程间的休憩，还是大型活动如毕业典礼，学生都能在这里进行。这种设计通过功能与情感的结合，使得校园不仅是学习知识的场所，更是学生情感寄托和文化传承的重要载体。

图 3.4　斯坦福大学的中心广场

通过优化空间布局、设置多样化的互动场景，可以有效提升用户对环境的归属感。例如，在开放式的社区公园中，增加互动式雕塑、社区活动空间或家庭友好型设施，可以让居民感受到空间对多样化需求的包容性。同时，通过引入当地特色文化元素，如壁画、植物或灯光装置，可以增强用户对环境的认同感。

二、环境的舒适性与安全感

环境的舒适性与安全感是优秀设计需要考虑的因素，其不仅影响用户的生理需求和心理状态，还直接塑造了他们在空间中的行为模式和使用体验。通过对物理条件和心理因素的细致把控，设计师可以创造出更贴近人性化需求的空间。

（一）环境舒适性

舒适性是指用户在环境中获得的身体和心理愉悦感。这种感受不仅依赖于环境的物理条件，还与用户的心理体验密切相关。

（1）物理舒适性。物理舒适性由温度、光线、通风等环境条件决定，这些因素是用户体验的基础保障。例如，在现代办公楼中，智能窗户能够根据外界光线和温度的变化自动调节室内环境，为员工提供适宜的工作条件。这种技术不仅有效降低了能源消耗，还能让员工感受到自然光的变化，增强工作的愉悦感，提高生产效率。

此外，在住宅设计中，通过优化采光、隔音和空气流通，可以为居住者创造健康舒适的生活环境。例如，南向窗户的布局增加了自然采光，优质的隔音窗户减少了外界噪声的干扰，从而提升居住者的舒适度。

（2）心理舒适性。心理舒适性更关注空间氛围和感官体验对用户情绪的影响。研究表明，柔和的灯光和自然材料（如木材、石材和植物）能够有效营造放松和温馨的环境。例如，在家庭空间中，选择自然纹理的家具和绿植装饰，不仅美观，还能帮助居住者缓解压力，提升心理舒适感。

在公共空间中，如咖啡馆或休闲区，利用背景音乐和柔和的色调能够提升用户的心理愉悦度。这样的设计策略通过感官上的细腻调整，使环境成为缓解紧张和压力的避风港。

（二）环境安全感

安全感是用户对环境的信任和可控性的心理状态。设计良好的空间，不仅能够减少潜在危险，还能让用户感到安心、放松。

（1）物理安全性。物理安全性是环境安全感的基础，关注如何减少可能对用户造成伤害的风险。例如，在儿童和老年人居住的住宅中，设计防滑地板、设置护栏和增加无障碍坡道，是常见的提升物理安全性的策略。这些设计能够有效预防跌倒或滑倒事故，特别是在卫生间或楼梯区域，为用户提供安全保障。

在商业建筑中，如商场，通过合理的消防通道设计和醒目的疏散指引标志，可以在紧急情况下为用户提供明确的逃生路径。这种基于安全设计的优化，不仅增强了空间的实用性，也提升了用户对环境的信任感。

（2）心理安全性。心理安全性更多地通过环境设计中的透明度、可见性和开放性来实现。例如，在地铁站的设计中，明亮的光线、宽敞的空间和直观的路线标识，有助于降低用户对陌生环境的恐惧感和迷失感。这样的设计策略通过减少视觉上的遮挡，使乘客能够快速识别路径，感受到环境的友好和安全。

另一个常见的设计策略是在大型城市公园中布置开放式休息区域，通过在这些区域减少视觉障碍物（如高大的围栏或茂密的灌木），增强人们之间的视觉联系，使用户感到更加安全和舒适。这种设计不仅提高了用户的心理安全感，还增强了社交空间的互动性。

舒适性和安全感是环境设计的两大关键因素。通过优化环境的物理条件，如温度、光线和通风，可以提高用户的物理舒适性；通过营造温馨的氛围和引入自然元素，可以有效提升用户的心理舒适性。而在安全感方面，合理的无障碍设计和开放式布局，不仅减少了潜在的物理危险，也能让用户对环境产生更多的信任和依赖。

未来的环境设计需要更全面地整合这些因素，结合科技创新和人性化设计，满足用户日益多样化的需求。在一个既舒适又安全的空间中，用户不仅能够感受到愉悦和放松，还能够从中获得安心和归属感，这正是环境设计的最终目标。

第三节 设计风格与情感效应

设计风格不仅体现了美学特征，还通过情感表达影响用户对设计对象的感知与体验。情感效应在很大程度上受文化背景和场景需求的影响。本节重点探讨文化背景对情感偏好的影响，以及如何在不同场景中通过设计风格表达情感。

一、文化背景对情感偏好的影响

（一）文化符号与情感联想

文化背景深刻影响用户的情感偏好和对设计风格的接受度。设计师在设计过程中需要深入了解目标用户的文化特质，避免因文化与情感表达不符而导致设计上的错位。通过理解文化符号的意义、区域性设计风格的特征，以及在全球化背景下调和多元文化需求，设计师可以创造出更具情感共鸣的设计。

案例：传统与现代融合的寺庙设计

潮音禅院位于杭州市钱塘区，由日本建筑师隈研吾设计。该项目打破传统寺庙的平面布局，将大雄宝殿、观音殿等殿堂分布于不同楼层，通过立体的参拜动线连接各功能空间，创造出丰富的参拜体验。整体建筑轮廓呈山形，寓意佛、法、僧三宝，与毗邻的钱塘江形成浑然一体的山水意境。这种设计不仅保留了佛教建筑的庄严肃穆，还融入了现代建筑美学元素，满足了信众和游客对宗教与文化的多重需求。

在材料选择上，潮音禅院（图 3.5）大量使用天然木材和竹子，体现了对自然材料的尊重和运用。这种设计不仅符合传统禅宗建筑的风格，也营造出温馨宁静的氛围，增强了空间的亲和力。此外，建筑细部设计中融入了江南水乡的元素，如挑檐和水景，体现了地域文化特色。

图 3.5　杭州潮音禅院

在全球化背景下，设计师还需考虑多元文化的融合，创造出既尊重传统又具有创新性的设计作品。这要求设计师具备开阔的视野和敏锐的文化洞察力，能够在不同文化之间找到平衡点，满足多样化的用户需求。

（二）区域性设计风格

地域性的自然环境和文化传统对设计风格的形成有显著影响。设计师通过将这些特质融入设计，可以增强用户的认同感，同时营造特定的情感氛围。

案例：地中海风格的住宅设计

地中海地区以阳光明媚的气候和海洋文化为背景，发展出独特的建筑风格，如白色石灰墙、蓝色窗框及开放式庭院。这些设计元素通过柔和的色调和开放的空间，营造出自由和愉悦的情感氛围。例如，在非地中海地区的度假别墅中采用地中海设计风格（图3.6），可以让用户在居住中感受到度假的轻松感和舒适性。这种风格的移植不仅是对地中海文化的再现，更是对情感体验的优化。

（a） （b）

图 3.6　地中海风格的住宅

区域性设计风格不仅是对特定地理环境和文化传统的延续，更是对情感体验的塑造与优化。通过深刻理解不同地域的自然特征和人文内涵，设计师可以创造出符合人们心理需求的空间体验，使人们在不同的环境中都能感受到归属感或文化魅力。这种基于场所特性的设计策略不仅增强了用户的认同感，也赋予了空间更深层次的情感价值。

（三）文化冲突与设计调和

在全球化背景下，设计需要面对多元文化交会带来的挑战。不同文化背景的用户可能对设计的情感表达有不同的理解，单一文化元素的突出可能引发部分用户的不适或情感冲突。因此，在多元文化场景中，设计师需找到平衡点，以满足广泛用户的情感需求。

案例：多元文化的公共空间设计

在机场等多元文化交会的公共空间设计中，采用中性化和包容性的设计风格可以有效减少文化冲突。例如，天府国际机场（图 3.7）通过使用简单的几何形状和柔和的中性色调，避免了特定文化符号对部分用户造成的不适感。此外，在细节设计中加入普适性的服务标识和语言支持，也能进一步增强空间的包容性。

图 3.7　天府国际机场 T2 航站楼

二、不同场景下的设计情感表达

设计风格的情感表达因使用场景的不同而呈现多样化的特征。通过准确适配场景需求，设计师能够有效唤起用户的情感共鸣，丰富他们的体验感受。无论是居住空间、商业空间还是疗愈空间，情感设计都要提升用户的心理满足感。

（一）居住空间中的情感表达

居住空间是人们生活的主要场所，其设计需要营造舒适、安全的氛围。通过设计元素的合理搭配，居住空间能够在视觉和触觉上给用户带来愉悦的感受，满足他们对家居环境的心理期待。

> 案例：北欧风格的家居设计

北欧风格以简约和自然为核心理念，强调通过柔和的色调与天然材料来营造温暖的家庭氛围。例如，浅灰色和米白色的墙面与木质地板形成的搭配，在视觉上给人一种宁静舒适的感受；柔软的棉麻材质的沙发和窗帘，则在触觉上进一步增强了这种温馨感（图 3.8）。北欧风格不仅体现了用户对自然环境的向往，也通过朴素的设计语言唤起人们对简单、幸福生活的情感联想。

图 3.8　北欧风格的家居设计

设计师可以将低饱和度的色彩和天然材质结合起来，创造富有亲和力的居住环境。此外，合理的空间规划，如开放式客厅和温馨的卧室布局，也能让居住空间更具舒适性。

（二）商业空间中的情感表达

商业空间的设计需要以吸引顾客为主要目标，同时强化品牌形象。通过动态的设计元素，商业空间能够迅速抓住顾客的注意力，增强购物体验。

案例：快时尚品牌的零售店设计

快时尚品牌的零售空间通常利用明亮的照明、活泼的色彩和动态的商品陈列来体现时尚与活力感。例如，ZARA 的零售店（图 3.9）采用开放式布局，消费者可以自由浏览不同区域的商品。其橱窗设计紧跟时尚潮流，快速更新，以吸引路人的注意力，从而激发其购物欲望。此外，店内商品分类明确且陈列美观，让消费者在购物过程中产生视觉和心理上的愉悦。

图 3.9　ZARA 的零售店设计

通过灯光设计突出商品色彩，结合动态陈列和灵活布局，设计师可以增强空间的视觉吸引力。同时，店铺的整体风格需要与品牌定位保持一致，从而强化用户对品牌的情感联结。

（三）疗愈空间中的情感表达

疗愈空间旨在缓解压力，提供心理安慰。设计师需根据不同人群的情感需求，营造适宜的环境氛围，使用户在空间中获得放松。

案例：FlySolo 儿童康复诊所的设计实践

位于北京 CBD 核心区的 FlySolo 儿童康复诊所（图 3.10），由 UNStudio 设计，致力为 0～13 岁的儿童及青少年提供系统、科学、精准的早期干预服务。设计团队充分理解儿童康复机构对功能空间的特殊要求，以全面提升患儿的综合能力为核心，优化室内空间布局，并根据不同的治疗需求采用不同的治疗设施，促进康复目标的实现。

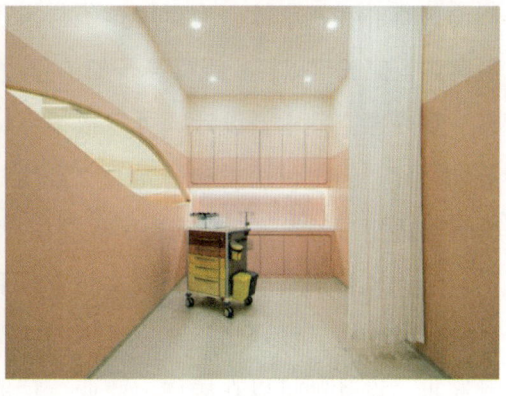

（a） （b）

（c）

图 3.10 FlySolo 儿童康复诊所的几个区域

在设计中，团队以自然意象为核心元素，结合儿童插画风格，采用舒缓的色调延展空间，营造身心疗愈的环境氛围。绵延起伏的山脉形象贯穿整个空间，明显的色彩变化激发儿童的想象力，使其仿佛置身于山野中的"游乐园"，从而缓解自己的紧张情绪。

此外，诊所内设置了互动性候诊座椅，以及多个供儿童玩耍的区域，激发他们的好奇心和探索欲。为缓解孩子与家长的分离焦虑，治疗室墙面嵌入了波浪形观察窗，家长可以轻松观察孩子的治疗过程和情绪状态，给予孩子充分的安全感。

在疗愈空间中，设计师可以根据目标用户的特定需求选择合适的色彩语言和装饰元素。通过使用柔和的光线、自然材质及功能性家具，不仅可以增强空间的物理舒适性，还能够在心理层面提升用户的安全感。

设计风格的情感效应受到文化背景和使用场景的双重影响。通过了解文化符号和区域特色，设计师能够满足不同文化背景用户的情感偏好；通过满足具体场景需求，设计师可以在居住、商业、疗愈空间中表达适宜的情感。未来的设计需要更加注重情感与功能的结合，创造既具有美学价值又满足用户心理需求的设计作品。

课后思考与实践

1. 选择一个实际设计案例（如智能手机、家用电器或汽车内饰），分析其如何从本能、行为和反思三个层次激发用户的情感共鸣。实践延伸：提出一个改进建议，结合情感设计三层次理论说明如何进一步优化用户体验，增强情感联结。

2. 选取一个具有代表性的环境设计项目（如历史街区改造、城市公园设计或校园设计），分析其如何通过情感联想增强用户的心理归属感。实践延伸：提出一个具体的设计策略，以进一步强化情感联想和用户的归属感。

3. 选择一个公共空间（如地铁站、机场候机楼或医院），评估其在舒适性和安全感方面的设计。实践延伸：结合评估结果，设计一个优化方案，并说明其对用户心理和行为的积极影响。

4. 分析一个成功结合文化背景的设计案例（如传统与现代融合的寺庙设计或地中海风格的住宅），思考其如何通过文化符号和区域特色表达情感。实践延伸：提出一个新的设计概念，结合特定文化背景，说明如何通过设计风格提升用户的情感体验。

第四章　行为心理学与设计

行为心理学与设计的结合揭示了环境如何塑造人类行为,为设计师优化空间功能和提升用户体验提供了科学依据。本章可帮助读者理解环境与行为的交互关系,掌握行为约束、行为诱导以及场所精神对行为模式影响的知识。这些知识为设计实践提供了理论支持,使设计师能够创造更加高效、安全且人性化的空间。

设计师通过应用行为约束与行为诱导,可以优化空间布局,减少不适宜行为,同时引导用户做出符合功能目标的行为。场所精神作为环境的情感与文化表达,不仅能提升用户对空间的认同感,还能通过行为适配性满足用户多样化的需求。学习这些内容,有助于设计师全面理解行为与设计的关联,从而提高设计方案的科学性和精准性。

掌握本章内容,可使设计师具备以下能力:首先,通过行为分析优化动线设计,提升空间的功能性与使用率;其次,能够运用场所精神塑造行为模式,为环境注入文化和情感价值;最后,学会结合行为研究与数据分析进行科学设计决策。具有这些能力后,设计师可在实践中践行以人为本的原则,创造兼具功能性和情感价值的设计作品。

第一节　环境对行为的影响

环境是塑造人类行为的重要因素，不同的设计能够通过约束和诱导的方式影响用户的行为选择，还会通过场所精神引导行为模式的形成[25]。设计心理学关注环境与行为之间的交互关系，通过优化设计，实现功能与情感体验的平衡。本节将从行为约束与行为诱导及场所精神与行为模式两个方面展开论述。

一、行为约束与行为诱导

环境设计在提升空间功能性和安全性方面发挥着重要作用，能够通过行为约束与行为诱导影响用户的行为选择[26]。这些设计策略不仅提升了空间使用率，还提升了用户体验的安全性与便捷性。

（一）行为约束：通过设计减少不适宜行为

行为约束是指通过物理或心理手段限制用户的特定行为，以防止危险或不当行为的发生。这种设计方式通常采用标识、障碍物或视觉暗示，帮助用户识别环境中的限制因素，从而减少潜在的风险。

案例：地铁站的安全线设计

地铁站月台上的黄色安全线（图4.1）是行为约束的典型案例。这条安全线不仅明确划定了乘客的活动区域，还通过鲜艳的黄色与地面形成强烈对比，强化了警示效果。当乘客靠近线边时，颜色的对比和视觉冲击会使其立刻引起注意，提醒其远离危险区域。这种设计在限制乘客行为的同时，大幅降低了其因靠近月台边缘而发生意外的可能性。

图4.1　地铁站月台上的黄色安全线

此外，还可以通过以下方式进行行为约束：

第一，设置物理屏障。在风险较高的场景，如天桥或悬崖附近设置护栏（图4.2），直接阻止用户接近危险区域。

第二，呈现警示信息。通过文字、符号或音频警告，向用户传递明确的信息，如设置"请勿越线"的提示牌。

图 4.2　天桥附近设置护栏

（二）行为诱导：通过设计促进用户做出期望行为

行为诱导旨在通过环境设计激励用户做出期望的行为[27]。这种设计策略通常采用动线规划、光线分布和颜色指引等方法，引导用户自然地遵循特定路径或完成特定操作，从而提升场景的功能性和使用率。

案例：机场安检区的动线设计

机场安检区导引（图 4.3）是行为诱导设计的经典案例。通过地面标识的颜色指引、围栏的布局及柱状分隔装置，乘客能够轻松理解并遵循检查流程。标识的颜色鲜明，围栏的布局将宽敞的空间合理分隔为多个队列通道，柱状分隔装置则进一步防止用户在排队时出现插队行为。这些设计元素共同作用，使得乘客在无须额外指引的情况下，自然完成排队和移动流程，从而减少拥堵并提升安检效率。

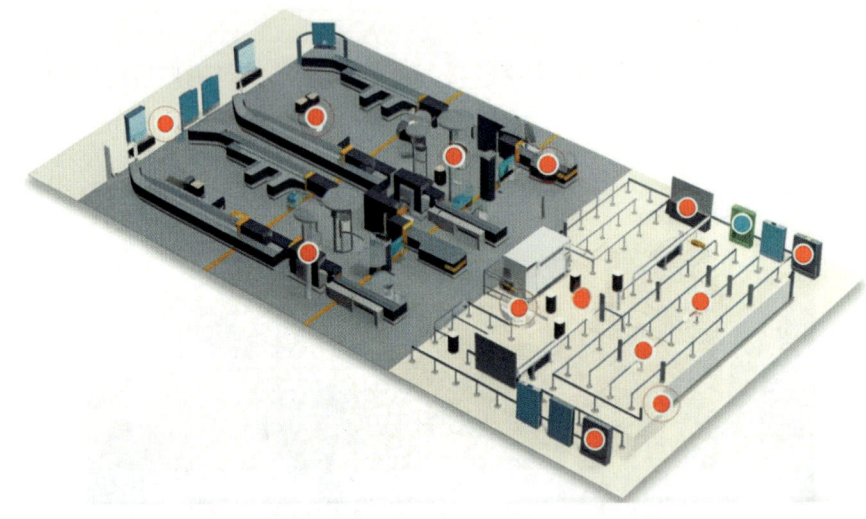

图 4.3　机场安检区导引

在需要引导用户行为的场景中，可采用以下设计策略。

第一，设置视觉标识。通过地面箭头、路径线或颜色标识引导用户，如用地面箭头指引前进方向或用颜色来划分区域。

第二，进行动线规划。优化用户的流动路径，减少交叉或回流现象。例如，在大型活动场馆中设计单向通道，确保人群流动顺畅。

第三，合理分布光线。利用光线的明暗差异引导用户活动。例如，在博物馆中通过灯光聚焦展品，引导观众的视线和移动方向。

行为约束与行为诱导是环境设计中不可或缺的两种策略，通过结合用户心理与行为模式，设计师能够在多种场景下灵活运用这些策略。例如，在高风险场景中，行为约束通过限制不适宜行为来保障安全；在高流量场景中，行为诱导通过优化路径设计来提升效率。未来的环境设计需要更加关注行为模式的研究，结合技术创新与人性化设计，为用户创造既高效又安全的使用体验。

二、场所精神与行为模式

场所精神是环境设计中不可忽视的维度[28]，它通过传递独特的气质和价值观，与用户建立深层次的情感联系。场所精神不仅塑造了个体的行为模式，还在更广泛的社会层面影响行为互动，成为连接人与环境、人与人的纽带。

（一）场所精神对行为模式的塑造

场所精神能够通过环境的文化特质和情感氛围深刻影响用户的行为选择。当一个场所具有强烈的文化符号或特定氛围时，用户往往会调整自己的行为模式，以适应这种环境。例如，具有历史价值的建筑常通过其独特的空间比例、装饰风格及文化符号，激发参观者的尊重与礼仪行为。

案例：博物馆的空间设计

博物馆设计中的场所精神通过特定的空间比例、低光环境和静谧的氛围得以体现。这种肃穆感能够潜移默化地影响参观者的行为，促使他们放慢脚步、降低音量，并以更专注的心态欣赏展品。例如，大英博物馆① 入口大厅（图4.4）中宽阔的石质台阶和高挑的穹顶让参观者感受到历史的庄严感，从而做出尊重和专注的行为。

图 4.4　大英博物馆入口大厅

---

① 大英博物馆（The British Museum）入口大厅——大中庭（The Great Court）由诺曼·福斯特（Norman Foster）设计，是欧洲最大的有顶广场。其高挑的玻璃穹顶与宽阔的石质台阶不仅提升了空间的宏伟感，也在心理上引导参观者以敬畏与专注的态度进入展馆。这种建筑设计巧妙地利用空间比例与材质来塑造参观者的行为模式，使其感受到博物馆的庄重氛围。

设计师可以通过以下手段强化场所精神，从而引导用户做出符合环境功能的行为。

第一，设计空间形态。例如，通过高挑、对称的建筑外观营造庄重氛围。

第二，添加装饰语言。例如，运用浮雕强化文化特质。

第三，进行光线设计。例如，利用低光环境或聚焦灯光，提升空间的沉浸感和肃穆感。

（二）行为模式的场所适配性

行为模式的形成与场所功能密切相关[29]。环境设计需要注重场所的功能需求，通过氛围营造和分区布局激励特定行为。例如，环境是否能够成功引导用户的行为，取决于设计是否为用户的行动提供了清晰的心理暗示。

案例：共享办公空间的设计

共享办公空间（图 4.5）通过功能分区设计满足了用户多样化的行为需求。例如，开放讨论区采用圆桌布局和柔和灯光，鼓励团队成员进行协作与交流；安静工作区通过隔音墙和独立座位设计，创造专注且私密的工作环境；放松休息区则利用舒适的座椅和绿植装饰，提供轻松愉快的社交场所。各区域的设计强化了用户行为模式与场所功能之间的适配性。

图 4.5 共享办公空间

根据场所的具体功能需求，设计师可以采取以下措施来促进特定行为模式的形成。

第一，进行分区设计。通过明确的功能分区，帮助用户快速定位行为场景。

第二，采用家具布局。利用家具的形态和位置暗示行为。例如，围合式沙发适合私密对话，长桌适合团队合作。

第三，营造氛围。运用光线、色彩和材质为不同功能区营造适宜的情感氛围。

（三）场所精神与社会行为的互动

场所精神不仅影响个体行为，还影响群体的社会行为[30]。例如，设计独特的公共空间可以成为人们社交互动的催化剂，增强社区凝聚力。一个富有吸引力的场所能够自然地吸引用户，促进他们之间的交流和互动。

案例：纽约高线公园

纽约高线公园①通过其创新的线性设计和丰富的植被景观，为城市居民提供了兼具社交和放松功能的公共空间。其步道设计不仅鼓励市民在其中慢行和驻足，还促进了人与人之间的自然互动。高线公园的场所精神结合了现代都市的功能需求与自然景观的舒适感，成为市民与游客社交、放松的重要场所。

为了增强场所的社交功能，设计师可以采取以下策略。

第一，提高情感吸引力。通过引入艺术装置或特色景观来提高场所的情感吸引力。

第二，进行多功能设计。提供不同功能的互动场景，如开放广场、步道和表演区域。

第三，利用流线引导。设计吸引人的路径系统，鼓励用户在场所中探索与停留。

在未来的设计中，将行为心理学与场所精神有机结合，能够创造更加高效、安全且具有情感价值的环境体验。

---

① 纽约高线公园（The High Line）是由废弃高架铁路改造而成的城市公园，以其线性空间设计和生态景观而闻名。公园全长约2.3千米，融合步道、绿植、公共艺术装置，不仅提供了一个供市民休憩、漫步的开放空间，还鼓励人们进行社交互动。其设计成功地将工业遗产与城市绿地相结合，成为全球城市更新和公共空间改造的典范。

第二节 用户行为研究方法

用户行为研究方法[31]是设计心理学的核心工具,用于分析用户在特定环境中的行为模式和心理反应。通过科学的研究方法,设计师可以获取真实数据,从而为设计决策提供依据。本节介绍两种主要的用户行为研究方法——实地观察与行为记录及问卷调查与数据分析,并结合具体案例阐述其应用。

一、实地观察与行为记录

实地观察与行为记录是用户行为研究的重要方法之一。通过直接观察用户在自然情境中的行为,设计师可以获取真实、直观的数据,避免主观问卷可能带来的偏差。此方法为设计优化提供了坚实的行为依据,尤其在商业场所等动态环境的研究中表现出独特的优势。

(一)方法特点

实地观察能够详细记录用户的行为轨迹、停留时间及交互方式,常用于研究公共场所(如公园、车站、购物中心和展览馆)中的用户行为。其采集的行为数据包括用户的行走路径、驻足时间、互动频率和行为偏好,为设计优化提供量化支持。

(二)应用案例:购物中心的动线优化

在某大型购物中心,为了解顾客的动线和行为模式,设计团队对顾客的行走路径、停留时间和进入商店的频率进行了详细观察。通过观察发现,主入口右侧的商店由于位置绝佳,吸引了很多人进来,远离电梯的区域则显得冷清。设计团队基于这些观察结果,重新调整了商场布局图4.6。

第一,在远端区域设置了主题活动区和特色商铺,以提高其吸引力。

第二,在电梯附近设置了显眼的引导标识,引导顾客发现更多商铺。

第三,通过优化商品陈列,将热销商品调整至人流量较低的区域,以平衡整体流量分布。

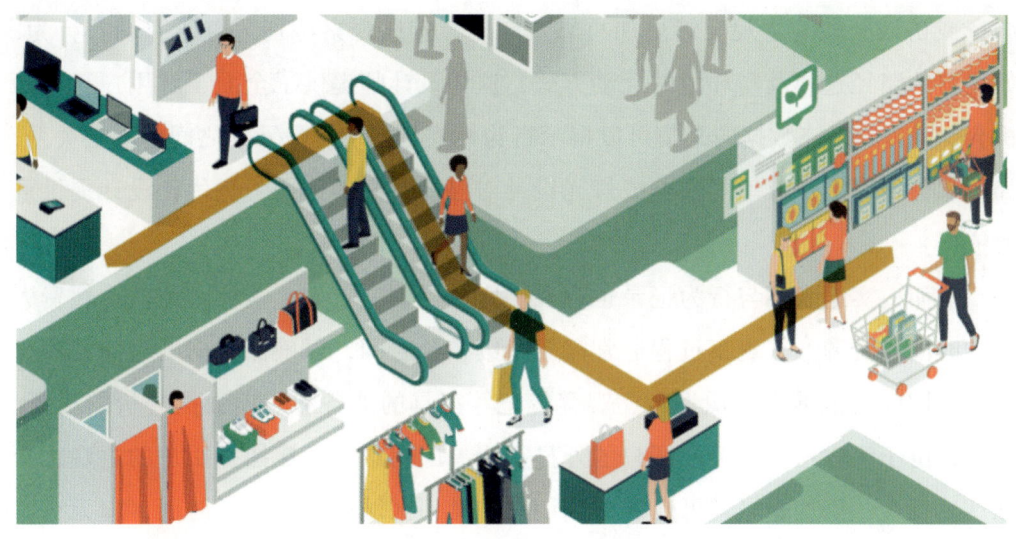

图 4.6　购物中心的动线优化

通过真实的用户行为数据，设计团队揭示了商场设计与用户行为之间的关系，提升了购物中心的空间使用率，同时提升了用户的购物体验。

（三）实施步骤

实地观察与行为记录的实施步骤如下。

第一步：确定观察目标。明确观察重点，如关注人流密度、路径选择、交互行为及空间使用模式等。

第二步：确定记录工具。使用录像设备、行为记录表或观察笔记等工具，确保数据的全面性和准确性。

第三步：采集行为数据。在目标环境中进行非干扰性观察，并记录用户的行为。

第四步：分析行为数据。对记录的数据进行分类和整理，对行为模式与环境设计元素进行关联分析，如分析用户流动与标识位置的关系、停留时间与陈列区域的关系等。

（四）优势与限制

实地观察与行为记录的最大优势在于其真实与直观的特性。通过记录用户在自然情境中的行为，研究人员能够了解用户的行为模式，而这些数据通常比问卷调查或访谈获取的主观反馈更加可靠。同时，实地观察特别适合研究动态行为，如用户的路径选择及与环境的互动方式，这为设计师提供了全面了解用户行为的机会。此外，动态数据的采集可以揭示行为模式与环境设计元素之间的深层关系，如标识位置对用户流动的影响或灯光设计对停留时间的作用，为优化设计提供重要依据。

然而，实地观察与行为记录也存在一定的限制。首先，这种方法需要耗费大量的时间和资源。其观察过程通常需要持续较长时间，以确保数据的全面性和代表性，同时可能涉及录像设备、观察笔记等工具的准备和后期数据分析的投入。其次，由于该方法主要关注用户的外显行为，因而难以直接捕捉用户的主观感受和情感反应。例如，尽管可以观察到用户在某一区域停留了较长时间，但无法明确他们对环境的具体情感体验。为了弥补这一不足，往往需要结合访谈或问卷调查等方法，共同构建全面的用户体验数据。

二、问卷调查与数据分析

问卷调查是一种常用的研究方法，通过设计结构化的问题收集用户的主观反馈，帮助研究人员深入了解用户的需求、偏好和情感反应。数据分析则是对问卷结果进行解读的过程，目的是发现潜在问题，为设计决策提供科学依据。这种方法兼具高效性和适用性。

（一）方法特点

问卷调查适用于多个研究场景，如需求分析、满意度评价和设计验证。在需求分析中，问卷可以帮助研究者了解目标用户的偏好和期待，如用户对城市公园设施的具体需求。在满意度评价中，问卷能够量化用户对现有设计或服务的感受，如新建商业空间中设施的功能性和美观性是否满足预期。而在设计验证阶段，问卷可以用于测试设计方案的可行性，确保其符合用户预期。

问卷调查收集的数据类型多样，包括用户的偏好（如色彩、功能、布局）、满意度（通过评分反映用户对设计的总体感受）以及情感反应（设计是否激发了用户的愉悦感或归属感）。这些数据为研究提供了定量支持，能够揭示用户需求和设计改进的方向。

（二）应用案例：公园设施使用满意度调研

在青岛市上臧山公园的研究中，设计团队设计了一份问卷，涵盖绿化设计、设施分布、设备数量等多个维度的内容。通过线上和线下结合的方式收集用户反馈，研究团队获得了大量有价值的数据，如表4.1所示。

表4.1 公园设施使用满意度调查表

维度	非常满意（5）	满意（4）	一般（3）	不满意（2）	非常不满意（1）	平均分
绿化设计	60%	30%	8%	2%	0%	4.48
设施分布	10%	25%	30%	25%	10%	2.9
设备数量	8%	20%	25%	30%	17%	2.72

数据显示，用户对公园的绿化设计最满意。然而，关于儿童游乐区的布局和设备数量，用户提出了许多改进建议。例如，有家长反馈游乐设施分布不均，且无法满足不同年龄段儿童的需求。

基于数据分析，设计团队决定在主要活动区域增加适合儿童的游乐设施，并根据不同年龄段的需求优化设施布局。这些调整显著提升了用户的满意度，也提高了公园的功能性和吸引力。

（三）实施步骤

问卷调查与数据分析的实施主要分为三个步骤：设计问卷、收集数据和分析数据。

第一步：设计问卷。问卷设计是整个流程的核心，应根据研究目标合理设置问题类型。封闭式问题便于快速统计，如"您觉得公园设施是否好用？"。开放式问题则能够深入了解用户的真实想法，如"您希望公园增加哪些设施？"。通过合理搭配问题类型，问卷能够全面反映用户的需求和感受。

第二步：收集数据。问卷可以通过在线平台或现场发放的方式分发。在线问卷（如番茄表单、问卷星）能够快速覆盖大范围的目标用户，而现场问卷能够更精准地面向特定场景中的用户，如在公园入口处直接邀请游客填写问卷。这两种方法可以单独或结合使用。

第三步：分析数据。数据分析是研究的重要环节，通过整理和解读收集的数据，可以揭示用户需求和设计优化方向。首先，统计用户的整体评分和偏好趋势，明确高分区域和低分问题。其次，进行群体细分分析，如对不同年龄段用户的需求进行对比，发现群体间的差异。最后，提炼开放式问题中的关键意见，形成具体的改进建议。这一过程通常借助统计工具（如 Excel、SPSS）完成，以确保分析结果的科学性和可靠性。

（四）优势与限制

问卷调查与数据分析方法以其高效性和广泛适用性而著称。通过精心设计的问题，研究人员能够快速从大量用户中收集数据，从而覆盖广泛的目标群体。这种方法特别适用于用户需求、满意度和情感反应的分析，能够直接反映用户的主观反馈。此外，问卷调查的结构化特性使其易于通过统计工具进行数据分析，便于研究人员发现数据趋势并了解用户群体的共性需求。例如，通过对用户偏好的定量分析，设计师能够明确哪些设计元素最受欢迎，并据此优化设计方案。

尽管问卷调查有诸多优势，但其效果高度依赖于问卷设计和样本选择的科学性。问卷设计中如果问题措辞不清、选项设置不合理，可能会使用户产生误解或回答偏差，从而影响数据的准确性。此外，样本选择也需要严格控制，以确保所调查的用户具有代表性。如果样本群体过于单一或规模过小，结果可能无法反映整体用户的真实需求。由于问卷调查主要获取用户的主观感受，因而难以直接观察到用户的实际行为模式。为了提高研究的全面性，需要将问卷调查与其他方法（如实地观察或访谈）结合起来。

实地观察与行为记录能够提供用户在真实情境中的动态行为数据，问卷调查与数据分析则能够获取用户的主观需求和感受。这两种方法相辅相成：观察法强调真实行为的捕捉，适合动态场景；问卷调查法侧重对用户主观感受的分析，适合需求调研。在环境设计中，通过使用这些研究方法，设计师可以全面了解用户的行为模式和心理需求，从而优化设计方案，提升用户体验。

第三节 设计中的行为导向

设计中的行为导向通过研究用户的行为模式和心理需求，优化空间布局和设计策略，以引导用户的行为，提高环境使用效率。本节将重点探讨动线设计与行为流线，以及行为驱动的空间优化，并结合实际案例阐述其应用。

一、动线设计与行为流线

动线设计是环境设计的重要组成部分[32]，其核心目标是通过规划空间中用户的流动路径，优化行为模式，从而提升空间的功能性与用户体验。良好的动线设计能够有效减少空间使用中的冲突，提高用户效率，同时增强空间的吸引力和舒适度。

（一）动线设计的核心原则

动线设计需要遵循以下三个核心原则，以确保路径设计既高效又贴合用户需求。

原则一：明确性。明确性是动线设计的基本要求，确保用户的路径清晰可辨，无须额外的判断和选择。例如，在大型公共场所（如机场或商场），通过颜色编码或符号指引，用户可以轻松了解路径并快速到达目的地。

原则二：连续性。连续性强调路径设计的流畅性，避免中断或重复。路径中如果存在过多的障碍或无效区域，不仅会打断用户的行为节奏，还可能导致拥堵。设计良好的动线应让用户顺畅地从一个功能区域过渡到另一个功能区域。

原则三：功能性。动线设计需要与空间的功能布局紧密结合，确保路径符合使用逻辑。例如，在博物馆，展览动线应依次展示主题内容，避免观众随意穿插和展厅功能紊乱。合理的功能动线能提升空间效率，同时确保用户的体验感。

（二）应用案例：博物馆的参观动线设计

在印度尼西亚博物馆（图4.7）的设计中，设计团队针对参观者的行为模式，采用了单向流线的设计方案。路径设计以入口为起点，引导参观者按照展览主题的逻辑顺序依次游览展厅。地面标识采用颜色渐变和箭头指引的方式，确保参观者能轻松辨别游览方向。转角和交叉区域设置了明确的节点标识，进一步增强路径的可识别性。

图4.7　印度尼西亚博物馆

展览结束后，流线自然延伸至出口处的纪念品商店（图4.8）。这一设计不仅提升了参观的效率，也为商店带来了更高的客流量和收益，体现了商业价值与空间功能的平衡。

图 4.8　出口处的纪念品商店

这一动线设计有效降低了参观者因迷路或路径重复而产生的不便感，同时提升了空间的整体使用效率。通过单向流线的设计，使参观体验更加流畅，用户能够专注于展览内容，而不必担心走错路。

（三）动线设计策略

第一，路径规划。路径规划是动线设计的基础，需要充分考虑用户的行为目标和空间功能的分布。设计师需分析用户的使用动机和行为模式，制定合理的路径走向。例如，在商业空间中，入口至主通道的路径应尽可能短，通往辅助功能区（如卫生间或存包区）的路径需明确且不干扰主要动线。

第二，视觉引导。视觉引导通过标识、光线或建筑元素增强路径的可识别性，使用户无须额外思考即可快速了解动线。例如，在机场的设计中，不同颜色的标识对应不同的功能区（如登机口、行李提取处），并通过地面上的连续线条连接主要区域，帮助乘客快速识别和选择正确的路径。

第三，节点设计。节点是动线中的关键点，通常分布在入口、转角或功能转换区域。功能明确的节点设计不仅能够帮助用户判断方向，还能提升整体路径的可用性。例如，在商场的转角区域设置信息牌和休息区，让用户在短暂停留后决定下一步的行动方向，从而避免因路径不明造成的混乱。

二、行为驱动的空间优化

行为驱动的空间优化是一种基于用户行为数据的设计方法，通过深入研究用户在环境中的行为模式，改进空间布局和设施设计，从而提升空间的使用效率和用户体验。通过这种方法，设计能够更加精准地满足实际需求，实现功能性与用户满意度的双重提升。

（一）行为驱动的优化原则

行为驱动的空间优化强调以用户需求和行为模式为核心，通过合理的空间布局、灵活的调整方式和高效的动线设计，确保空间的功能性、适应性和使用效率。这一优化方式不仅关注物理环境的设计，还涉及用户体验、心理舒适度和空间利用效率，广泛应用于商业、办公、教育等多种场景。行为驱动的优化主要遵循以下三个关键原则。

原则一：功能适配是行为驱动优化的基础。其强调空间的布局应精准匹配用户的行为需求，以避免资源浪费和功能冲突。在不同的环境中，用户的行为模式有所不同，因此空间设计需要根据使用场景的差异进行优化。例如，在餐厅设计中，不同的顾客群体对环境的需求不同，部分顾客希望安静用餐，而另一些顾客倾向于社交互动。因此，合理的餐厅设计会采用分区布局，如在靠近入口的区域设置快餐区，方便短时间用餐的顾客快速离开；而在较为隐蔽的角落区域布置休闲餐桌，适合家庭聚餐或商务交流。在办公环境中，开放式空间虽然能够促进团队协作，但并不适合需要专注工作的员工，因此许多现代企业（如Google、WeWork）采用了模块化办公空间设计，合理划分开放协作区、独立办公区和休闲区，以确保不同类型的办公需求都能得到满足。

原则二：灵活性是行为驱动优化的核心因素。其指的是空间应具备动态调整的能力，以适应不同的用户需求和使用场景。设计师可通过可移动家具、可调节空间布局、智能控制系统等来体现设计的灵活性。例如，在教育空间中，灵活性尤为重要，不同的教学模式（如小组讨论、开展讲座、实验实践）需要不同的空间配置。因此，芬兰基础教育广泛采用可移动桌椅、可折叠墙体和可调节灯光系统，让教室可以快速从讲座模式转换为小组互动模式，从而增强学习的适应性和灵活性。类似的概念也被应用于联合办公空间，如 WeWork[①] 采用模块化隔断和可移动办公桌，使办公环境可以根据团队规模和工作模式进行调整，提升空间的多功能性。此外，零售空间如快闪店[②] 可以使品牌在短时间内调整店铺布局，以适应不同市场需求，提高品牌的曝光度和吸引力。

原则三：效率提升关注优化用户在空间中的行动路径，以减少时间浪费，提高使用效率。这一原则在高流量公共空间（如机场、商场、车站）中尤为重要。例如，在机场安检区域，传统的安检流程常常因等待时间长、通行效率低而影响用户体验。为了解决这一问题，许多国际机场（如新加坡樟宜机场、新德里国际机场）引入了智能安检系统，通过自动人脸识别、智能安检分流等方式，减少排队时间，提高安检效率。同样，在零售行业，亚马逊推出的 Amazon Go 无人商店采用 AI 视觉识别和智能支付技术，使顾客能够直接取走商品并自动完成付款，无须排队结账，从而提高购物效率。此外，在办公环境中，一些科技公司采用智能预约系统来降低会议室的空置率，同时通过优化动线设计，减少员工在不同办公区域之间的走动时间，从而提高工作效率。

综合来看，行为驱动的优化通过功能适配、灵活性和效率提升，使空间更具人性化、智能化和适应性。这种设计方式不仅提升了空间利用率和用户体验，还推动了现代办公、教育、商业空间的发展。随着智能感应系统和个性化空间管理的进一步发展，未来的空间优化将更加动态化、精细化和自适应化，让空间真正成为用户行为的延伸，使每一个场所都能以最佳的状态服务于使用者。

（二）应用案例：SOHO 3Q 成都共享办公空间

1. 案例背景

SOHO 3Q 成都共享办公空间是中国共享办公领域的代表性项目之一，由叠术

---

① WeWork 是一家总部位于美国纽约（New York, USA）的全球性的共享办公空间提供商，成立于 2010 年，由亚当·诺依曼（Adam Neumann）和米格尔·麦凯维（Miguel McKelvey）共同创立。
② 快闪店（Pop-up Store）是一种短期运营的零售模式，通常用于新品推广、品牌营销和市场测试。

建筑设计团队（GOA）负责改造。该项目原址为一个经营不善的商业空间，设计团队通过空间行为分析和数据驱动的优化策略，将其转型为一个面积达 12,000 平方米的共享办公空间。本案例研究重点探讨如何通过行为导向的空间优化，提升办公空间的使用效率和用户满意度。

2. 问题分析

改造前，设计团队通过现场观察、用户访谈、空间使用数据分析，发现办公空间主要存在以下问题。

（1）开放办公区使用率低。大部分用户因缺乏隐私和受到噪声干扰而不愿在开放区域长期停留，导致该区域空间利用率不高。

（2）独立工位需求远超预期。行为数据显示，用户更倾向于选择带有隔板或具有封闭性的独立工位，尤其是需要深度工作的群体（如软件开发、市场策划、研究人员等）。

（3）团队协作区域功能受限。现有的会议空间比较固定，难以适应不同规模的团队需求，导致部分空间浪费，同时小型团队无法灵活使用办公资源。

（4）社交互动区利用率低。原本的社交空间缺乏设计引导，导致大部分用户忽略该区域，未能充分发挥其促进协作和休闲放松的作用。

（5）动线设计不合理。办公桌的排列方式影响通行动线，用户在不同区域之间移动时遇到障碍，降低了办公效率。

3. 行为导向的优化策略

基于上述问题，设计团队采用了行为数据驱动的优化策略，通过调整空间布局、引入灵活家具和优化动线设计，改善用户体验。

（1）优化独立工位布局，提升私密性。增加 30% 的独立工位，并使用可调节隔板，提高空间的私密性。采用吸音材料（如布艺墙面、地毯）和局部声学隔断，减少环境噪声，提高开放办公区的可用性。引入半封闭式单人舱（电话亭式空间），满足远程会议和私密沟通的需求。

（2）引入灵活可变的团队协作空间。采用可移动家具（如可折叠桌椅、移动隔断），使空间可根据团队规模进行灵活调整。通过玻璃推拉门和移动隔音墙，让团队可以根据需求自由调整空间的开放或封闭程度。设计共享白板墙，方便团队进行头脑风暴，提高协作效率。

（3）提升社交互动区的吸引力。在原本利用率较低的区域增设非正式会议区，采用咖啡厅式的座位布局，增强空间的亲和力。通过绿植墙、暖色调家具，营造更放松的氛围，吸引用户使用该空间进行交流。调整咖啡吧、休闲区的位置，使其更靠近人流高频活动区域，提高使用率。

（4）优化动线设计，提高办公效率。重新调整办公桌排列方式，使走道更加通畅，缩短用户在不同区域间移动的时间。在关键通道增设信息指引系统，确保用户能快速找到所需区域，提高空间的可读性。

4.优化效果与用户反馈

改造完成后，设计团队再次进行行为观察和数据跟踪，结果表明，优化策略取得了显著成效：独立工位使用率提升至90%，满足了用户对专注工作的需求；开放办公区的噪声投诉减少40%，整体工作环境更加安静舒适；团队协作区的预订率提升60%，灵活的空间配置使不同规模的团队都能高效使用；社交互动区的用户停留时间增加30%，优化后的布局和舒适的环境让用户更愿意在此交流和放松；办公流线更加顺畅，减少了因不合理动线设计带来的时间浪费，提高了整体办公效率。

5.案例总结

SOHO 3Q成都共享办公空间的优化改造充分体现了行为导向的设计方法如何有效提升空间的适用性和用户体验。通过功能优化、灵活调整和高效动线规划，该项目不仅提高了空间利用率，还提升了用户满意度。本案例提供了以下关键经验。

（1）数据驱动设计：采用现场观察、用户访谈和行为数据跟踪的方式，确保优化方案精准匹配用户需求。

（2）灵活空间配置：通过模块化家具和可调节隔断，使办公空间能够动态适应不同的使用场景。

（3）增强使用体验：优化社交空间，提高环境舒适度，为用户创造更高效、舒适的工作环境。

未来，随着智能办公技术、AI行为分析和模块化设计的发展，共享办公空间的优化将更加智能化、个性化，进一步提升工作环境的适应性和高效性，为更多企业和自由职业者提供优质的办公体验。

（三）行为驱动的设计策略

行为数据是空间优化的基础，设计团队可通过观察、问卷调查或传感器技术采集用户在环境中的行为信息。例如，在商场内可以通过摄像头记录顾客的行走路径和驻足时间，发现顾客对哪些区域更感兴趣。

收集数据后，设计团队需要分析用户行为模式与空间使用之间的关系，找出设计中的不足之处。例如，分析显示，某办公区域的光照过强，导致用户回避使用，可以为后续的设计调整提供依据。根据分析结果，优化空间的功能布局、设施配置和环境特性等。例如，在商场的公共区域增加休息座椅，为顾客提供放松的空间，或在儿童游乐区增设遮阳设施，提高场地的舒适性。

设计中的行为导向强调动线设计与空间优化对用户行为的引导和支持。动线设计通过合理的路径规划和视觉引导，提升了环境的使用效率和用户体验；行为驱动的空间优化则通过数据分析与布局调整，实现了环境与用户需求的动态匹配。在未来的设计中，通过结合技术工具与行为心理学，设计师能够更精确地理解用户需求，从而创造高效、舒适和灵活的空间环境。

课后思考与实践

1. 选择一个实际的公共空间（如地铁站、商场或校园），思考其环境设计如何通过行为约束和行为诱导影响用户的行为。

2. 根据一个复杂的公共空间（如博物馆、展览馆或交通枢纽），提出动线设计优化方案。

（1）绘制原有动线图，标注问题区域。

（2）提出优化策略，包括路径规划、视觉引导和节点设计等。

（3）结合行为心理学理论，解释优化方案如何提升用户体验与空间效率。

第五章 文化与设计心理学

　　本章可引导读者深入理解文化心理学与社会心理学如何融入设计实践，提供科学的理论依据和创新灵感，了解如何在设计中平衡全球化趋势与地方文化特色，同时通过社会心理学的方法，增强设计的社会性与用户的归属感。本章通过分析日本禅意设计、摩洛哥建筑风格等经典案例，阐述文化心理如何指导设计符号与视觉语言的运用；通过探讨全球化设计中的多元融合与地方性设计的文化表达，了解在现代设计中如何实现全球化与地方文化的有机结合。这些理论与案例为设计师提供了多样化的设计策略，有助于提升设计的文化深度和用户体验的独特性。

　　社会心理学强调群体行为与归属感的研究，为设计中的动线规划、功能布局和社交环境的营造提供了科学支持。本章通过解析社区共享空间、演唱会场馆等设计案例，展示了社会心理学在优化设计决策和增强用户情感联结中的应用。通过社会心理学与设计的结合，设计师可以更高效地满足用户在功能与情感层面的双重需求。本章的学习将为设计师赋能，提升其在文化分析、社会环境构建及创新设计方面的能力，为呈现更具社会价值的设计奠定坚实基础。

第一节　文化背景对设计的影响

　　文化背景对设计的风格、内容和功能具有深刻的影响。文化心理决定了用户对设计的认知与情感偏好，设计风格往往反映出特定文化的价值观与审美观[33]。

与此同时,在全球化趋势下,设计面临着融合多元文化与维护地方特色的双重挑战。本节将从文化心理与设计风格的关系及全球化与地方性设计的平衡两方面进行探讨。

一、文化心理与设计风格的关系

文化心理通过影响用户的认知模式、情感联想和行为习惯,直接塑造了不同地区和群体的设计风格。理解文化心理不仅能帮助设计师更好地满足用户的情感需求,还能通过设计传递和体现文化价值,增强用户体验的深度与文化认同感。

(一)文化心理与设计符号

文化心理对用户对特定符号和元素的认知和情感联想起着决定性作用。这些符号往往承载着特定文化的象征意义,并通过设计传递给用户。

案例:日本禅意设计

日本禅宗文化注重极简主义和内省,体现出对自然与宁静的追求。这种文化心理影响了日本的设计风格,尤其是在庭院和室内设计中(图5.1)。"少即是多"的设计理念体现在枯山水的艺术表达中,如京都著名的龙安寺,其庭院通过砂石、水池和树木等简单的元素,营造出空灵和深邃的氛围。石头的布置隐喻着山川河流,沙纹则象征着流动的水,用户通过简单而精练的设计体会到深刻的哲学内涵。

(a)　　　　　　　　　　　　　(b)

图5.1　日本禅意设计

这样的设计不仅满足了用户对美学和功能的需求，还通过符号化的设计元素，使用户感受到文化的情感联结和深刻体验。将文化符号转化为简洁的设计语言，使用户能够在认知和情感层面与特定文化背景形成深度共鸣。例如，在酒店设计中使用禅意的简约风格，为用户提供宁静和放松的空间体验。

（二）文化风格的视觉传达

文化心理常通过颜色、形状、材质等视觉手段直接传达出来[34]。视觉元素在设计中不仅承载美学意义，还可以通过细节强化文化特征，从而为用户提供深刻的文化体验。

案例：摩洛哥风格的建筑设计

摩洛哥风格（图5.2）以浓烈的色彩（如红色、橙色和蓝色）和复杂的几何图案为标志，体现了伊斯兰文化的多样性与艺术性。色彩鲜艳的瓷砖、雕刻精美的拱门和镂空窗格等元素在摩洛哥的建筑中随处可见。这些视觉符号体现着文化的繁复之美和精神世界的多元性。例如，在全球范围内的摩洛哥主题酒店或餐厅中，这些设计元素的使用不仅为空间增添了异域风情，还让用户在视觉和情感层面上深刻地感受到文化的冲击力和感染力。

（a） （b）

图5.2 摩洛哥建筑风格

这些摩洛哥主题的视觉特征成为传递文化心理的重要媒介，使空间设计具有鲜明的地域性和强烈的记忆点，提升了用户体验的文化深度和独特性。设计师通过分析目标文化的视觉语言特征，将色彩的大胆运用、几何图案的装饰性设计及材质的纹理效果融入建筑和室内设计中。例如，在酒店的公共区域设计中，可采用摩洛哥瓷砖装饰墙面和地面，为用户营造浓郁的文化氛围。

（三）文化心理与空间叙事

空间设计不仅是视觉语言的呈现，也是叙述文化故事的重要媒介。通过空间的布局，文化心理可以转化为用户在空间中的动态体验。

案例：故宫的空间叙事

北京故宫的建筑设计体现了传统文化中对秩序与权威的心理追求。故宫通过中轴线的对称排列和层层递进的院落设计，体现出对"天人合一"的宇宙观与礼制文化的深刻理解（图5.3）。用户穿行于宫殿之间，感受到从外部开放空间到内部庄严封闭空间的过渡，这种空间叙事增强了用户对传统文化价值的认同感。

图 5.3　北京故宫中轴对称的院落

通过空间叙事传递文化信息，设计赋予了空间更深层次的意义，增强了用户的沉浸感与情感体验。在现代设计中，设计者可通过场地分区、光线引导和空间节奏的设计，将特定文化的心理特征融入其中，使用户在动态体验中感知文化叙事。

文化心理在设计风格中的作用体现在符号的运用、视觉语言的表达及空间叙事的构建等方面。通过对文化心理的深入理解，设计师能够实现文化传承与用户体验的双赢。无论是传统的禅意设计，还是富有异域特色的摩洛哥风格，这些成功案例都证明了文化心理在设计中的重要性。未来，设计师可以通过文化心理的研究，不断探索文化与设计的创新融合，使设计更好地满足用户的情感需求，并在全球化背景下彰显文化的独特价值。

二、全球化与地方性设计的平衡

全球化的快速发展使设计师能够接触到丰富多样的文化元素，这不仅促进了文化的交流与创新，也对设计提出了新的挑战。全球化背景下的设计不再局限于单一的文化语境，而是强调多元文化的融合与共生。在这样的趋势下，设计师需要从不同文化中汲取灵感，找到与目标用户共鸣的设计语言，同时保持品牌或产品的独特性。

（一）全球化设计的多元融合

全球化的趋势促进了设计师对不同文化元素的吸收和再创造。

案例：MUJI 的全球化设计

日本的无印良品（MUJI）是全球化设计成功的典范。它以简约而不失功能性的设计赢得了全球用户的青睐，同时成功地将东方哲学融入国际化审美之中。例如，无印良品的家具设计大量使用浅色木材，搭配简洁的线条和无过多装饰的结构，这一设计语言既体现了日本传统禅意美学中的"素"与"静"，也满足了全球用户对现代极简风格的需求（图5.4）。

（a） （b）

图5.4　无印良品的浅木色家具设计

无印良品的家具设计通过对自然材质的强调和极简形式的运用,营造出一种"既熟悉又新颖"的氛围。这种设计不仅在日本本土受到欢迎,还成功进入了北美、欧洲及亚洲其他市场。其产品如衣柜、书架和桌椅等,通过符合多文化语境的设计语言,体现了"简约即普适"的全球化美学。

无印良品的成功表明,全球化设计不仅是对不同文化元素的机械拼接,更需要设计师对文化内涵的深刻理解与再创造。MUJI不仅精心提炼出普适的设计语言,还保持了品牌的文化根基,这使得其产品能够适应不同文化背景下的用户需求,同时传递出品牌独特的价值主张。

(二)地方性设计的文化表达

地方性设计以地域文化和自然资源为核心,通过深度挖掘地方特色,强调设计与当地环境和文化的紧密联系。这种设计方法不仅展现了地域特质,还能增强用户的文化认同感,为可持续发展提供创新方案。

案例:巴厘岛绿色建筑设计

巴厘岛的绿色建筑设计是地方性设计的典范,其核心理念是结合本地材料、传统工艺和生态理念。绿色学校(Green School)[①]是一个广受赞誉的项目,其建筑主要使用了当地丰富的竹子材料,展现了较强的地域特色。竹子作为主要建筑材料,既符合可持续发展的要求,又易于在当地获取和维护。同时,学校采用了传统的茅草屋顶和手工建造技术,使建筑在功能性和美观性之间达到了和谐统一,如图5.5所示。

---

① 巴厘岛绿色学校(Green School Bali)是一个位于印度尼西亚巴厘岛的创新型教育机构,由约翰·哈迪(John Hardy)和辛西娅·哈迪(Cynthia Hardy)于2006年创立。该项目以可持续建筑和环境教育为核心,采用本地竹子、茅草屋顶和手工建造工艺,充分体现了生态友好与地方文化融合的设计理念。其竹结构不仅具备高强度和抗震性能,还能快速生长和再生,符合可持续发展的原则。巴厘岛绿色学校的建筑设计成为全球生态建筑的典范,吸引了大量建筑师、环保人士和教育学者前来考察和学习。

图 5.5　巴厘岛绿色学校

　　绿色学校的开放式空间设计也是一大亮点，它最大限度地利用自然通风、采光和光伏太阳能，减少了对传统能源的依赖。这种设计理念不仅体现了巴厘岛的生态文化，也为学生创造了开放、包容的学习环境，鼓励其与自然互动和交流。此外，建筑中的水景元素和绿植装饰进一步增强了整体设计的生态氛围。

　　地方性设计的一个优势是能够增强用户的文化归属感和认同感。绿色学校的设计吸引了来自世界各地的参观者和学习者，成为巴厘岛的重要文化名片。其生态友好的设计理念也为可持续建筑的发展树立了标杆，推动了巴厘岛的旅游业和文化传播。

　　地方性设计的另一个优势在于融合本地资源与文化元素，同时满足现代功能需求。设计师应优先选择本地材料，如竹子、石材等，这样既能降低环境成本，又能强化设计的地域特质；同时，结合地方文化符号和传统工艺，将独特的美学融入建筑中。为了实现可持续发展，可通过自然采光、通风系统及雨水收集等节能技术优化设计。在此基础上，平衡建筑的功能性与美观性，使其既符合现代使用需求，又保留了传统建筑的精髓。

（三）全球化与地方性平衡的策略

　　全球化背景下的设计需要在普适性和文化深度之间找到平衡点[35]。通过提炼地方文化的核心价值，并与全球化设计趋势相结合，设计师能够创造出既具有国际化审美，又充满地方文化特色的作品。

案例：北欧风格在中国住宅中的应用

北欧风格因其简约和功能性的特点而广受欢迎，在中国住宅设计中得到了广泛应用。然而，为了更贴合中国用户的文化心理，设计团队在北欧风格的基础上融入了中国传统的木雕装饰和屏风设计。例如，客厅采用简洁的白色与浅木色作为主色调，同时点缀中式花纹的屏风，既保留了北欧风格的清新自然，又传递出浓郁的中国文化韵味（图5.6）。这种结合不仅在视觉上和谐统一，还满足了用户对文化认同的潜在需求，从而显著提升了住宅设计的吸引力和市场竞争力。

（a）

（b）

图 5.6　北欧风格在中国住宅设计中的应用

全球化与地方性的平衡策略需要从多维度进行考量，确保设计既具有国际吸引力，又能充分展现地方特色。设计师应深入研究地方文化的核心价值，并将其转化为可融入现代设计的元素。在这个案例中，设计师通过提取北欧文化中的色彩、纹样、材料和建筑形式，为中国用户提供了独特的设计方案。此外，地方特色需要与全球设计趋势相结合，以实现传统与现代的对话。设计师可在国际化的功能布局中融入一些地方装饰元素，使设计既符合现代美学标准，又保留了地方文化的独特性。

用户的参与对于设计的本地化和全球化融合至关重要。通过收集用户的反馈，设计师能够更好地调整设计细节，使其既符合用户的文化背景，又满足了现代生活的实际需求。这种互动式的设计过程不仅提高了用户满意度,还能激发用户的文化记忆和情感共鸣。设计师将地方文化的价值融入日常生活中,提升用户的归属感和认同感。这种情感与文化的双重契合,使设计具有更深层次的意义和吸引力。

第二节 社会心理学在设计中的应用

社会心理学关注人类在社会环境中的心理和行为模式,其理论和方法为设计提供了科学依据。设计师通过分析群体行为及群体在社会环境中的心理需求,可以制定更符合用户群体特点的设计决策。本节将从群体行为与设计决策及社会环境与归属感营造两个方面展开分析,并结合具体案例进行探讨。

一、群体行为与设计决策

设计不仅针对个体用户,还需要以更广泛的视角关注群体行为的特性及心理需求[36]。通过深入分析群体行为模式,设计师可以在空间布局、设施设置及交互设计上进行优化,从而提升环境的整体功能性和用户体验。设计师需在平衡个体需求和群体共性之间找到合适的策略,以确保设计既满足多样化的个体需求,也能够促进群体互动和资源共享。

(一)群体行为的影响因素

群体行为受到多重因素的影响,而这些因素在环境设计中具有重要的指导意义。群体行为的影响因素如下。

第一,环境密度。群体行为与空间的拥挤程度密切相关。在高密度的环境中,如交通枢纽或购物中心,用户通常倾向于快速通过。因此,在此类场景中,设计应注重优化人流动线,减少拥堵,提高空间的通行效率。例如,大型车站的候车厅设计通常采用宽敞的中庭和清晰的路径指引,帮助乘客快速找到目标区域。

第二,社交互动。人类的群体行为往往受社交需求驱动。例如,在社区公园或大学校园中,用户期待拥有更多的互动和交流机会。设计师可以通过增加共享空间、灵活的家具布局及多功能区域来引导人们互动和交流。例如，许多现代化办公空间在公共区域设置了开放式的咖啡吧，以促进员工间的非正式交流和合作。

第三，行为模仿。群体行为中的个体常受到他人行为的影响，这种行为模仿在零售和餐饮环境中尤为明显。例如，消费者在购物时更倾向于跟随他人选择热销商品。设计师可以利用这一特点，通过独特的陈列方式和动态展示吸引用户。例如，在超市的促销区域，将商品集中摆放并增加现场演示，可以有效提升消费者的购买兴趣。

（二）应用案例

案例：大型演唱会场馆的动线规划

在梁静茹世界巡回演唱会场馆的设计中，设计团队充分运用了群体行为研究成果，以优化观众入场和退场的流线为核心目标。在入场阶段，设计团队采用了多层安检通道的方式，引导观众分批次、有序地进入座位区。这种设计避免了传统单通道入场方式可能引发的拥堵和长时间等待的问题，同时提高了场馆的通行效率。图5.7是演唱会现场入场分流设计。

图 5.7　演唱会现场入场分流设计

退场时，设计团队通过动线分流策略，将观众引至不同的出口区域。分流路径不仅避免了人群交叉带来的混乱，还提高了人群疏散的安全性。此外，为了降低观众在场馆中的迷茫感，公共区域配备了大量的标识牌和信息引导屏，同时设置了志愿者服务站，以帮助观众快速找到路径或解决突发问题。

通过科学的动线规划，场馆在实际运行中显著缩短了观众进出场所需的时间，同时有效避免了因拥堵引发的安全隐患。观众在演唱会全流程中的体验感大幅提升，对场馆服务的满意度也得到提高。演出结束后，观众普遍反馈动线设计合理，不仅避免了其因长时间等待而产生的焦虑，还让整体活动更加顺畅有序。

设计团队利用行为数据分析，精确掌握了人群在不同阶段的流动特点，结合场馆空间的实际条件，制定了优化动线的具体方案。此外，信息引导系统的补充起到了显著作用，为大规模活动中的人群管理提供了有力支持。通过这些策略，场馆不仅提升了动线效率，还为未来大型活动的场馆设计树立了可复制的成功范例。

二、社会环境与归属感营造

归属感是个体在社会环境中感受到的接纳和认同，是设计中不可忽视的心理需求[37]。通过设计元素的整合，营造具有归属感的社会环境，不仅能增强用户的情感联结，还能提升场所的使用黏性。

（一）归属感的影响因素

设计中的归属感营造需要综合考虑空间特性、文化符号和社交机会三个核心因素。

1. 空间特性

空间的物理和心理特性是影响归属感的首要因素。开放性、舒适性和功能多样性能够显著提升用户对空间的接纳度。

（1）开放性。开放的空间设计能够消除心理隔阂，鼓励用户自由进入。例如，社区广场的无围栏设计让居民更容易参与到公共活动中，增强其对场所的亲近感。

（2）舒适性。温馨的灯光、适宜的温度和人性化的座椅设计能够增强用户的停留意愿。例如，在图书馆中设置柔软的沙发区，这样不仅提升了舒适度，还为用户提供了更轻松的阅读环境（图5.8）。

（a）　　　　　　　　　　　　　　（b）

图 5.8　图书馆阅读区域

（3）功能多样性。多样化的功能分区可以满足不同用户的需求。例如，城市公园中的跑步道（图5.9）、儿童游乐区和安静休憩区能够同时吸引运动爱好者、儿童和老人群体，提高空间的整体使用率。

图 5.9　城市公园中的跑步道

2. 文化符号

文化符号通过传递特定的历史、地域或情感信息，帮助用户与场所建立心理联系。

（1）熟悉的文化元素。本地文化符号能让用户感受到亲切。例如，在福建某社区的设计中，融入了当地传统的红砖屋檐和斗拱元素（图5.10），居民在日常生活中能够感受到地域文化的延续性。

（a）

（b）

图5.10　闽南传统文化元素

（2）共情的情感符号。设计师在设计中运用具有情感意义的符号能够增强用户的归属感。例如，某儿童医院候诊区的墙壁上绘制了生动的卡通形象（图5.11），让儿童和家长感到安心和放松。

（a）

（b）

图5.11　儿童医院候诊区

(3)区域特色标志。特定的地标性设计能够强化用户的场所认知。例如,纽约中央公园中的拱形桥和湖泊景观已成为当地居民和游客的重要记忆点,提升了城市的文化身份。

3. 社交机会

促进人与人之间的互动是营造归属感的重要途径,设计应注重为用户提供交流与互动的机会。

(1)社交设施。通过设计互动型设施,鼓励用户进行交流。例如,公共场所中的长桌餐饮区能够促成陌生人之间的对话,增强社交互动。

(2)活动空间。提供活动场所,吸引用户参与社区活动。例如,某社区广场定期举办市集和露天电影活动(图5.12),这种参与性设计增强了居民之间的联系和社区认同。

图5.12 社区露天电影活动

(3)共享体验。通过设计营造共享体验的场景。例如,音乐喷泉广场的设计不仅具有观赏性,还通过灯光和音乐的互动让用户产生愉悦感,强化了群体的归属感。

通过优化空间特性、融入文化符号和提供社交机会,设计师能够营造具有吸引力和认同感的社会环境,进一步增强用户的归属感和场所依赖性。

（二）应用案例

案例：社区共享空间归属感营造

某新兴社区共享空间的设计通过结合空间特性、文化符号和社交机会，增强了居民的归属感。

设计团队首先优化了共享空间的空间特性。场地采用开放式布局，无围栏设计，让居民自由进入。空间中设置了多功能区域，如适合邻里交流的长椅区、儿童游乐设施（图5.13），以及供老年人使用的安静休憩区，这满足了不同年龄段居民的需求，显著提高了场地的利用率。同时，合理的材质选择（如木质桌椅和防滑地砖）与柔和的灯光设计，提升了空间的宜人性，让居民愿意长时间停留。

（a）　　　　　　　　　　　　（b）

图 5.13　社区共享空间设计

其次，在文化符号的融入上，设计团队特别采用了展示社区历史和文化的墙面装饰。这些文化符号包括当地传统建筑中的元素和体现社区发展历程的图片，帮助居民建立对场所的文化认同感。此外，墙面上还设置了可互动的留言板，鼓励居民写下对社区的感受和建议，进一步强化了居民的情感联结。

最后，通过设计提供社交机会，共享空间成了邻里互动的重要场所。在公共区域中，设计团队设置了长桌座位和小型聚会平台，用于居民交流和分享日常生活。每月在共享空间内举办社区市集、亲子游戏日等活动，吸引了大量居民参与。居民在活动中自然产生互动，逐步建立和谐的邻里关系，归属感得到明显增强。

在设计实施后的调研中，超过80%的居民表示对共享空间的设计感到满意，并认为其显著提升了社区的生活品质。长椅区和留言墙成为居民较常光顾的场所，留言墙上的互动信息也体现了居民对社区的高度认同。

通过空间的开放性、多功能布局、文化符号的植入及社交机会的创造，共享空间成为居民日常生活的重要组成部分，有力促进了社区归属感的形成。这一案例表明，在设计中注重社会心理学的应用，可以显著提升环境的社会价值与用户体验。

社会心理学在设计中的应用为优化群体行为和提升社会环境的情感体验提供了科学支持。通过研究群体行为的模式和需求，设计师能够制定更有效的动线规划和设施设置策略；通过营造具有归属感的社会环境，设计师能够增强用户的情感联结与场所依赖性。未来的设计需要在更深层次上融合社会心理学理论，以满足用户在功能性和情感层面的双重需求，为社会和谐与用户体验的提升作出贡献。

课后思考与实践

1. 在全球化趋势下，如何在设计中实现多元文化融合的同时维护地方文化特色？试举例说明。提示：

（1）分析全球化设计中的普适性语言（如极简主义）。

（2）强调地方性设计中独特的文化符号（如地域性图案或材料）。

2. 假设您需要为国际主题酒店设计一个具有文化特色的公共空间，请选择一种文化背景，设计其符号化的视觉语言，并说明如何通过设计增强用户的文化认同感。提示：

（1）选择文化背景（如摩洛哥或中国）。

（2）提炼符号化元素（如传统色彩、纹样和材质）。

（3）设计公共空间中的装饰和功能区域，突出文化特质。

实践：绘制草图或撰写设计说明，突出文化符号与视觉语言的融合。

3. 随着科技与文化的进一步交融，未来设计如何在传承传统文化的同时融入现代科技元素？试从技术与文化结合的角度提出创新方案。提示：

（1）分析传统文化的核心价值（如中国传统的"天人合一"理念）。

（2）结合现代科技手段（如AR/VR技术、智能交互设备）。

（3）提出一个具体的设计场景（如智慧博物馆、文化主题公园）。

实践：以案例形式描述如何利用技术促进文化的传承与传播。

第六章 可持续设计中的心理学

随着全球可持续发展议题的日益关注,设计行业发生了深刻变革。在这一变革过程中,可持续设计不仅涉及对资源管理和环境保护的关注,更涉及对用户行为、情感和意识的全方位探索。本章将从设计心理学的视角探讨如何通过设计激发用户的环境意识,优化行为模式,并构建绿色生活方式。

可持续设计的核心在于结合心理学理论与设计实践,将环境保护理念融入用户的日常行为。心理学为理解用户的认知、情感和行为习惯提供了科学基础,使设计师能够通过行为激励、情感联结和生态符号等策略,促使用户主动参与可持续发展活动。这不仅有助于设计师设计更高效的绿色建筑与产品,还能通过传递伦理价值,为社会创造积极的行为文化。

本章的重点在于引导设计师掌握将可持续设计理念转化为用户实际行为的关键方法,包括提升用户对环保材料的认同感、优化生态设计中的情感体验,以及通过行为激励机制引导用户形成绿色习惯。通过这些知识,设计师能够创造既符合生态原则,又能激发用户积极参与的可持续设计作品,为社会和环境的长期发展贡献力量。

第一节 可持续发展的心理学基础

随着全球生态危机的加剧,可持续发展已成为设计领域的重要议题。可持续设计不仅关注资源的高效利用和环境保护,还需要培养用户的环境意识与行为习惯。在这一过程中，心理学为理解用户的环境意识和设计伦理提供了理论基础。

一、环境意识与设计伦理

环境意识是指个体对生态问题的认知与态度，是推动可持续行为的重要心理驱动力；设计伦理则是设计师在项目中对环境保护和社会责任的体现。通过心理学的介入，设计可以在激发用户的环境意识的同时，体现设计师的伦理责任。

（一）环境意识的心理构成

环境意识由认知、情感和行为意向三部分构成[38]。

认知层面：用户对环境问题的认知和理解。例如，认识到塑料污染的危害可以提高用户减少使用塑料的意愿。

情感层面：用户对环境问题的情感反应，如对气候变化的担忧或对绿色设计的欣赏。

行为意向：用户因认知与情感驱动产生的实际行为倾向，如主动进行垃圾分类或选择绿色出行方式。

案例：垃圾分类设施设计

在某城市社区，为了增强居民的垃圾分类意识，设计团队在垃圾分类设施设计中融入心理学策略。其主要内容如下。

认知引导：通过清晰的分类标识和说明牌，让用户快速理解分类要求。

情感激励：设置"绿色行动"积分系统，用户每次正确分类可获得积分，用于兑换礼品，激发正向情感反馈。

行为便利性：优化垃圾桶的布局，降低居民分类行为的时间和精力成本。

结果显示，垃圾分类率显著提升，居民对环保行动的支持度也有所提高。图6.1是基于设计心理学设计的智能垃圾桶。

第六章　可持续设计中的心理学

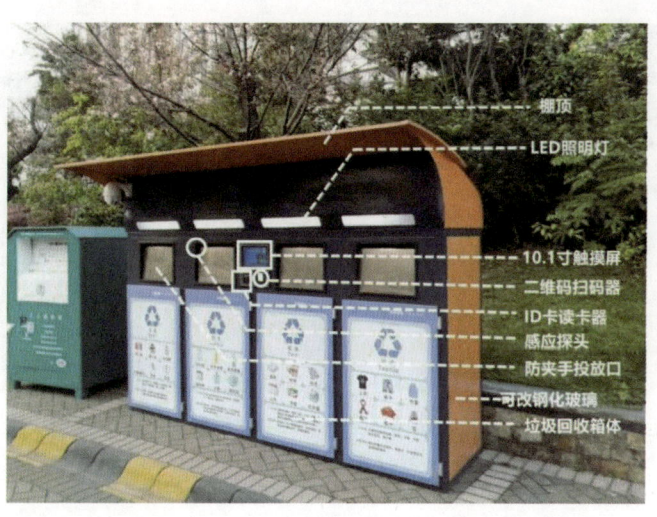

图 6.1　基于设计心理学设计的智能垃圾桶

（二）设计伦理与可持续性

设计伦理要求设计师在项目中实现环境、社会和经济三者的平衡[39]，通过设计实践体现对自然和社会的责任。

案例：绿色建筑设计中的伦理实践

青岛恒星科技学院科学城项目的设计目标是在满足功能需求的同时，减少对环境的影响。设计团队在项目中贯彻了以下伦理原则。

材料选择：使用可再生木材和低碳建筑材料（图 6.2），减少碳排放。

能源管理：引入太阳能发电和雨水回收系统（图 6.3），实现建筑的能源自给和水资源循环利用。

用户教育：通过展示建筑能源管理系统的数据大屏，向学生传递环保知识，培养他们的可持续发展意识。

用户调研结果表明，85% 以上的学生因这一设计增强了对可持续发展的认同感。

图 6.2　以夯土为建筑材料的建筑墙体　　图 6.3　建筑雨水回收系统示意图

（三）环境意识与设计伦理的结合策略

教育性设计：通过设计传递环境知识，增强用户的认知。例如，在公园设计中加入生态解说牌（图 6.4），介绍植物和动物的生态价值。

情感化设计：利用艺术装置和互动设计，唤起用户的情感共鸣。例如，安装用海洋塑料垃圾制作的雕塑（图 6.5），提醒用户减少使用塑料。

图 6.4　生态公园内的动物解说牌　　图 6.5　利用海洋垃圾制作的海龟艺术装置

行为激励设计：通过奖励机制，鼓励用户参与可持续行动。例如，智能垃圾桶根据投放准确度给予即时反馈和奖励。

环境意识与设计伦理是可持续设计中的两个关键因素。心理学为设计师提供了研究用户环境认知与行为的理论基础，同时帮助设计师在项目中体现对生态和社会的责任。通过教育性设计、情感化设计和行为激励设计等策略，设计可以增强用户的环境意识，并通过设计实践传递可持续发展的伦理价值。这不仅有助于应对全球环境挑战，还能塑造更加良好的设计文化与社会行为模式。

二、用户对可持续设计的心理接受度

在推动可持续设计的过程中，用户的心理接受度是一个至关重要的因素。尽管可持续设计在环境保护和资源利用方面具有明显优势，但用户的心理接受度往往受多种因素的影响，如认知因素、情感因素、行为习惯及社会认同与集体行为。理解这些因素，有助于设计师制定更加有效的策略，提升用户对可持续设计的接受度和参与度。

（一）认知因素对用户接受度的影响

用户对可持续设计的认知程度直接影响他们对这一设计理念的接受度。许多用户可能并不完全理解可持续设计的长期益处，或者对其产生疑虑和误解。例如，某些用户可能认为绿色建筑设计的初期成本过高，或者对环保材料的功能性和耐用性存在疑问。这种认知上的偏差可能导致他们对可持续设计产生抵触情绪。

案例：绿色建筑设计的认知挑战

在某城市的一座新建的绿色办公楼中，初期的入住用户对建筑中使用的可再生材料和节能系统产生了质疑，认为其过于新颖且不可靠。为了改变用户的这种观念，设计团队组织了多次讲座和参观活动，向用户详细解释了这些设计的环保效益及材料的耐用性。同时，通过实时数据展示建筑能源消耗和节约的情况，增强了用户对绿色建筑的认知。随着时间的推移，用户逐渐接受了这些设计，并对其带来的舒适和环保效果进行了积极的评价。

这一案例表明，通过提升用户对可持续设计的认知，设计团队能够有效提升用户的心理接受度。

（二）情感因素对用户接受度的影响

情感认同是影响用户接受度的另一个重要因素[40]。许多用户对环境保护和可持续设计持有积极态度，但这种态度在实际行为中未能转化为行动，原因在于他们没有形成情感上的联结。情感化设计能够唤起用户对环保目标的共鸣，从而增加他们的参与感和支持度。

案例：零废弃商店的情感驱动设计

在零废弃商店的情感驱动设计中，设计师不仅关注环境保护的功能性，还通过情感化的设计激发顾客的参与热情。例如，商店内使用了用回收材料制作的陈列架，并通过富有创意的艺术装置展示了环保理念，如用塑料瓶和废旧报纸创作的墙面装饰（图6.6）。商店中还设置了互动区域，顾客可以通过参与手工DIY活动制作自己的环保袋或购买可持续产品（图6.7）。通过这些情感化的设计，顾客在享受购物体验的同时，深刻感受到环保理念的情感价值。商店开业后的数据表明，顾客的回购率和参与度大大提高，尤其是在具有情感共鸣的活动区域。

图6.6 用废旧报纸装修的小店

图6.7 环保手工作坊

该案例展示了情感化设计如何激发用户的环保情感，提升可持续设计的接受度。

（三）行为习惯对用户接受度的影响

用户的行为习惯在很大程度上决定了他们对可持续设计的接受度。许多人已经习惯于传统的公共空间布局或材料选择，要改变这些习惯，需要通过设计策略减轻用户的心理负担并提供适当的激励机制。行为科学研究表明，设计可以通过减少行为改变的成本、提供即时反馈和奖励机制等方式，逐步引导用户接受。

某生态公园的设计团队为了引导游客参与环保行动，采取了一系列基于行为科学的策略。例如,公园内设置了智能垃圾分类系统,用户只需将垃圾投放至指定设备,系统便会根据分类的准确性即时提供反馈,如显示"您已减少了 0.5 千克的碳排放"。此外,系统会累计环保积分,游客可以使用积分兑换园内优惠券或特色纪念品。

同时,为鼓励游客更多地参与低碳活动,设计团队设计了步行和骑行优先的路径系统,并在路径节点上设置了互动性装置,如通过脚踏板发电的环保灯柱,游客可以亲身体验可再生能源的魅力。这种设计不仅让用户感到趣味十足,还增强了他们对可持续生活方式的认同感。通过直观的反馈和适当的奖励机制,可以有效减少用户对传统空间使用方式的依赖,引导其逐步接受和实践可持续设计理念。生态公园的成功设计为环境艺术设计提供了重要启示:通过行为激励和交互设计,能够显著提升用户对可持续设计的接受度,同时创造更深刻的教育与参与体验。

(四)社会认同与集体行为

社会认同是推动个体行为改变的强大动力。用户往往受他人行为的影响,尤其是在他们所处的社交圈中。当可持续行为成为主流时,个体更容易接受并采纳这种行为。因此,设计师应通过营造集体行为的氛围,鼓励更多用户参与到可持续设计中。

案例:社区绿色行动的集体推动

在一个绿色环保社区中,设计师通过设置共享绿化区域(图 6.8 和图 6.9),鼓励居民一起参与垃圾分类、节能活动及种植本地植物。这些活动不仅促进了居民间的互动,还通过社交网络和集体认同增加了参与的动力。例如,居民在小区微信群中分享绿色生活经验,并激励彼此加入环保行动中。通过社会认同的形成,社区整体环保行为得到了显著提升。

图6.8 共享共建式社区花园

图6.9 共享共建式花园

这个案例表明，社会认同和集体行为的推动能够大大提高用户对可持续设计的接受度，尤其是在社区等集体环境中。通过共同的环保目标，个体能够更容易地转变行为并融入绿色行动中。

用户对可持续设计的心理接受度受到多种因素的影响，如认知因素、情感因素、行为习惯及社会认同与集体行为。通过提升用户对可持续设计的认知，设计师能够提高用户的接受度；通过情感化设计，设计师能够增强用户的情感认同；通过行为激励机制，设计师可以帮助用户克服行为习惯的障碍；而通过营造社会认同氛围，设计师能够促使集体行为的形成。综合考虑这些因素，设计师可以更有效地引导用户接受并支持可持续设计。

第二节 可持续设计的行为激励

行为激励是可持续设计的重要策略。设计师可通过设计优化和激励机制，引导用户采取更加环保的行为，进而推动可持续发展目标的实现。在这一过程中，节能设计扮演了关键角色，它通过减少用户行为成本、提供实时反馈和激励机制，促使用户逐步改变行为习惯，形成可持续的生活方式。

一、节能设计与行为习惯改变

节能设计旨在通过技术创新和用户行为引导，减少能源消耗并改变用户的行为习惯。在许多设计案例中，设计师通过实时反馈、便利性设计、奖励机制和长期行为养成有效推动了用户从被动接受到主动参与的转变。

（一）实时反馈与行为意识

实时反馈是节能建筑设计中激励用户节能行为的重要手段之一[41]，通过让用户直观了解其行为对能源消耗的影响，增强节能意识。

案例：绿色建筑的智能能耗管理系统

在新加坡的一座绿色写字楼中，设计团队引入了智能能耗管理系统，帮助用户实时了解建筑的能源使用情况。通过大堂和电梯间的数字显示屏，用户可以看到整栋建筑的用电量、碳排放数据及当前能耗趋势。此外，每个楼层配备的触控屏显示了该楼层具体的能耗数据，如照明、空调和办公设备的用电数据。系统会根据监测到的能源使用情况提供节能建议，如合理调节空调温度或关闭不必要的照明设备。

为了进一步强化反馈效果，建筑还设立了"低碳楼层激励机制"：使用能耗较低楼层的办公用户每月可获得绿色证书或其他奖励。这种方式不仅让用户直观了解了节能成果，还有效激励了更多人参与节能行动。

通过实时能耗反馈和行为激励机制，这座绿色写字楼成功引导用户更加关注能源使用情况，积极调整行为，以实现节能目标。案例表明，建筑设计中的智能反馈系统可以将节能理念转化为用户的实际行为，从而提升建筑的整体可持续性和使用效率。

（二）便利性设计与行为改变

便利性是改变用户行为的关键因素。设计师可以通过优化产品和服务的使用流程，降低用户采取节能行为的心理和实际成本。

案例：感应式照明系统

在某公共建筑中，设计师引入了感应式照明系统，当用户进入房间时，灯光会自动开启，离开后则自动关闭。这种系统减轻了用户主动关闭灯光的负担，同时避免了能源浪费。研究显示，引入感应式照明系统后，建筑整体能耗降低了30%。

设计意义：便利性设计通过简化用户行为路径，能够将节能行为转化为用户的无意识习惯，从而提高能源利用效率。

（三）奖励机制与行为激励

通过设置奖励机制，设计师可以在短期内显著提升用户参与节能行动的动力，同时为长期习惯养成奠定基础。

案例：社区能源积分计划

在一个试点绿色社区中，设计团队推出了能源积分计划。居民在日常生活中可通过节能行为（如减少用电或选择绿色出行）积累积分。这些积分可以兑换公共交通卡、超市优惠券或参与社区活动的资格。积分计划的透明性和奖励的实用性显著提升了用户的参与积极性。社区调查显示，超过70%的居民因该计划改变了用电和出行习惯，整体碳排放量下降了15%。

设计意义：奖励机制能够有效激发用户的行为动机，将节能行为与实际利益挂钩，提高用户对可持续设计的认同感和支持度。

（四）长期行为养成

节能设计不仅关注短期的行为激励，更注重长期行为的养成。通过将节能行为与用户的日常生活方式相结合，设计可以逐步培养用户的可持续意识和习惯。

案例：学校节能教育项目

在某中小学的节能教育项目中，设计师与教师合作，开发了一款互动性强的节能游戏应用。学生通过完成游戏任务（如发现并减少"隐形能耗"），了解能源使用的基本知识并参与到实际的节能活动中。例如，孩子在家长的帮助下记录用电情况并寻找改善方法，形成了以家庭为单位的节能行动。项目实施后，学生不仅增强了节能意识，还带动了家庭整体用电习惯的改变。

设计意义：通过教育和互动设计，长期行为得以养成，不仅影响了个人，还扩展到家庭和社区层面。

节能设计通过实时反馈、便利性设计、奖励机制和长期行为养成等多种手段，有效促进了用户行为习惯的改变。实时反馈增强了用户的节能意识，便利性设计降低了行为成本,奖励机制激励了用户积极参与,长期行为养成则将节能理念融入日常生活中。通过应用这些策略,设计师能够推动用户在节能行为上从被动接受转变为主动执行,从而实现可持续设计的社会价值与环境效益。

二、生态设计与情感联结

生态设计以自然为灵感,通过设计促进人与自然和谐共存,同时激发用户的情感共鸣。通过将自然元素融入设计并创造情感化的体验,生态设计能够增强用户对环境的关怀和责任感,进而引导用户践行生态行为。

(一)自然元素与情感唤起

自然元素在设计中的应用能够唤起用户对环境的情感共鸣,使他们更愿意与生态设计建立联系。

案例:绿植墙与自然体验

在某企业总部的室内设计中,设计团队设置了垂直绿植墙(图6.10),使用了苔藓、攀缘植物和热带绿植。这不仅提升了空间的视觉吸引力,还通过自然的颜色和质感营造了一种放松的氛围。员工调查显示,超过85%的员工认为绿植墙使办公环境更舒适,同时增强了他们对公司绿色文化的认同感。

图 6.10　企业绿植墙

设计意义：自然元素在设计中不仅具备装饰性，还能引发用户的积极情感反应，如放松、愉悦和归属感。

（二）生态符号与文化表达

生态设计通过生态符号传递可持续发展的理念，帮助用户理解设计背后的环保价值，并增强他们的文化认同感。

案例：竹材建筑与地域文化

在东南亚某生态度假村的设计中，设计团队大量使用了当地特有的竹材（图6.11），这种可再生资源不仅展现了度假村的环保理念，还与地域文化的建筑风格形成了紧密的关联。建筑的竹制框架和开放式结构既符合当地气候特点，又让游客感受到自然与文化的融合。度假村因此成为生态旅游的典范，吸引了大量慕名而来的游客。

图6.11 度假酒店中的竹制休息亭

设计意义：生态符号的使用能够将环保理念融入文化表达中，为用户创造具有情感意义的生态体验。

（三）情感化体验与生态行为激励

通过情感化体验，生态设计能够增强用户对自然环境的依恋，从而激励他们采取更多生态行为。

案例：步道与自然探索设计

在某国家公园的生态步道设计中，设计师结合地形和自然景观设置了多个互动节点，如观景台（图6.12）、解说牌和休憩区。步道沿途标示了当地的动植物信息，并通过特定装置模拟野生动物的声音，增强了游客的沉浸感。游客反馈显示，这些设计激发了他们对自然的好奇心和探索欲望，进而增强了其对自然保护的认同感。步道的设计还包括倡导低影响行为的标识，鼓励游客以环保的方式参与自然活动。

图6.12　公园中的观景台

设计意义：通过情感化的生态体验，用户的环保意识和生态行为得以激发。

（四）生态设计与可持续生活方式

生态设计的情感联结能够引导用户将可持续理念融入日常生活，从而形成长期的生态习惯。

案例：社区生态农场的设计

在某城市社区，设计团队创建了一个生态农场（图6.13），居民可以种植蔬菜、果树和花卉。这一设计不仅提供了社交和教育的机会，还通过实际操作让居民感受到自然的魅力和农业的乐趣。参与者表示，这一体验增强了他们对食物来源和生态循环的理解，并促使他们在日常生活中更关注节约和环保。

图6.13　社区生态农场

设计意义：生态设计通过与用户的情感联结，改变了他们对环境的态度，并推动了可持续生活方式的形成。

生态设计通过自然元素、生态符号、情感化体验和可持续生活方式的引导，与用户建立了深层次的情感联结。这种设计不仅能让用户感受到自然的美与价值，还能够激发他们对生态环境的关怀和保护行为。通过强化人与自然的情感纽带，生态设计为推动可持续发展提供了强有力的情感和行为支持，同时为设计实践注入了文化与伦理意义。

第三节　绿色建筑中的用户心理适应

绿色建筑以生态环保为核心，关注用户的健康、舒适和心理适应性。在绿色建筑设计中，设计师通过优化植物配置和环境布局，提升用户的心理健康和情感体验，促使用户更好地融入绿色建筑环境[42]。植物配置作为绿色建筑的重要组成部分，不仅具有生态价值，还对用户的心理产生积极影响。

一、植物配置与心理效应

植物在绿色建筑中的应用不仅提升了环境的美观性，还通过视觉、触觉和嗅觉等多感官体验，对用户的心理产生了积极的影响。研究表明，合理的植物配置能够减少压力、提升专注力和改善情绪。

（一）减少压力与心理放松

植物的自然特性能够有效缓解用户的心理压力，促使其放松和恢复情绪。例如，绿植墙或室内庭院的设计通过视觉上的绿色与柔和的光影效果，营造出宁静的氛围，缓解了用户的焦虑。

案例：办公楼的植物墙设计

某现代化办公楼在公共区域设置了大面积的植物墙（图6.14），该植物墙中有蕨类植物、吊兰和热带花卉。这些植物不仅起到装饰作用，还通过吸收噪声和调节空气湿度，创造了舒适的环境。员工反馈显示，植物墙显著降低了员工的工作压力，尤其是在休息区域，员工产生更高的心理舒适感。

图6.14　办公空间的植物墙

设计意义：通过植物的合理配置，绿色建筑能够在视觉和情感上缓解用户的压力，提升环境的心理效益。

（二）提升专注力与工作效率

植物配置能够增强用户的专注力和认知功能。在办公或学习环境中，适当的植物布置有助于减轻人们的视觉疲劳，提高其工作效率。

案例：教育空间中的植物布置

在某小学的教室设计中，设计师将绿植放置在学生的书桌和窗台附近。研究结果显示，这些植物能够有效减轻学生的视觉疲劳，提高其注意力。教师也表示，植物为教室营造了更加自然和积极的学习氛围。

设计意义：绿色建筑通过植物的认知效益，优化了学习和工作环境。

（三）提升情绪与幸福感

植物能够通过颜色、形状和气味激发用户的积极情绪，增强其幸福感。例如，色彩明亮的花卉能够使用户产生愉悦和放松的情绪。

案例：医院康复区的植物配置

某医院的康复区通过布置芳香类植物（如薰衣草和迷迭香），为患者提供感官疗愈体验。患者反馈显示，这种植物配置能够缓解他们的焦虑和痛苦，帮助他们更快地恢复情绪稳定。

设计意义：通过情绪的积极引导，绿色建筑能够使用户产生更高的幸福感和满足感。

（四）植物配置的策略

为了在绿色建筑中实现最佳的心理效益，在配置植物时可采取以下策略。

空间适配性：根据建筑的功能特点选择适合的植物种类。例如，办公空间优先选择易于维护且具有空气净化功能的植物，医疗空间则适合使用具有疗愈作用的芳香类植物。

多样化配置：通过植物的多样性设计，增强视觉层次感和环境趣味性。

维护便捷性：绿色建筑中的植物维护成本要低，避免因后期管理不善导致环境破坏。

植物配置是影响用户心理适应的重要因素。通过合理配置植物，设计师可以有效降低用户的压力，提升其专注力和幸福感。结合不同建筑功能和用户需求，植物的多样化和功能化配置能够为绿色建筑增添更多的生态价值和心理效益，为用户创造更加健康、舒适和宜居的环境。

二、材料选择与环境心理

绿色建筑中的材料选择不仅直接影响建筑的生态性能，还对用户的环境心理产生深远的影响。材料的质感、颜色、温度感和来源能够通过多感官体验影响用户的情绪、行为和归属感。科学合理的材料选择，不仅能提升建筑的功能性和美观性，还能通过环境心理优化用户的整体体验。

（一）材料的自然属性与心理效应

自然材料因其贴近自然的特性，往往能够唤起用户对自然的联想，产生放松和愉悦的心理效应。例如，木材、石材、竹材等自然材料通过其纹理和触感，能够为空间增添亲近感。

案例：木材在办公空间中的应用

在某高端联合办公空间中，设计师采用了大量的木质地板和木纹家具，搭配柔和的暖色灯光，为用户营造了放松、温馨的氛围（图 6.15）。用户调研显示，与冷硬材料主导的传统办公环境相比，该设计显著降低了员工的紧张感，同时提升了其工作满意度和归属感。

图 6.15　原木色风格的办公空间

设计意义：自然材料不仅提升了建筑的环保性能，还通过其固有的亲和力，使用户产生心理舒适感。

（二）材料的视觉与情感联结

材料的颜色和视觉特性在环境心理学中扮演着重要角色。柔和、自然的色调能够传递平静与放松的感觉，光滑的表面和明亮的颜色则可能带来现代感与活力感。

案例：石材与金属在公共空间对比设计

在某城市博物馆的大厅设计中，设计师采用了天然大理石地面与金属墙面的组合（图6.16），以体现历史厚重感与未来科技感的交融。大理石的纹理和哑光质感唤起了用户对历史的思考，金属的光泽与几何切面则激发了其对现代科技的欣赏。用户在调研中普遍表示，这种材料搭配既提升了空间的视觉冲击力，也在心理上让他们感受到文化与创新的联结。

图6.16　大理石与金属组合的景观雕塑

设计意义：材料的视觉特性能够通过情感化的表达方式，引导用户形成特定的心理联想，从而增加空间的记忆点与文化深度。

（三）材料的触觉体验与行为导向

触觉是材料与用户互动的重要媒介，材料的表面特性（如光滑度、柔软度和温度感）直接影响用户的行为和心理感受。例如，触感舒适的软材料能够吸引用户长时间停留，而冰冷的硬质材料可能会降低用户的接触意愿。

案例：地毯在图书馆中的应用

在某高校图书馆的自习区域，设计师采用了全覆盖的羊毛地毯（图6.17），这样不仅具有良好的隔音效果，还通过柔软的触感与温暖的颜色，使学生感受到家的舒适与安全感。用户调研表明，这种设计显著提升了学生的学习专注度，并让他们更愿意在图书馆内长时间停留。

图6.17　图书馆内部采用地毯铺装

设计意义：通过触觉体验的优化，材料能够直接影响用户的行为模式和心理舒适度。

（四）可持续材料与心理认同

可持续材料因其环保特性，能够激发用户的环境认同感与责任感。例如，使用可回收或低碳排放的材料不仅体现了绿色建筑的理念，还能加大用户对生态设计的支持和认同力度。

案例：再生材料在展览馆中的应用

某生态展览馆的内部装饰采用了由废旧木材制成的墙面板（图6.18）。这些材料通过现代工艺呈现出独特的纹理和色彩，同时传递了设计师对环保的承诺。参观者表示，展览馆的设计让他们更深刻地意识到资源再利用的重要性，并增强了他们的环保行为意愿。

图6.18　由废旧木材制成的墙面板

设计意义：可持续材料通过其环境意义与视觉表现，增强了用户对生态设计的认同感与责任意识。

材料选择在绿色建筑中不仅影响建筑的功能与审美，还通过视觉、触觉和情感联结塑造用户的环境心理体验。自然材料提供了亲近感与舒适感，视觉特性引导用户形成情感联结，触觉体验优化了用户的行为模式，可持续材料则通过伦理价值增强了用户的环境认同感。通过精心选择和搭配材料，绿色建筑能够满足用户的心理需求，实现可持续发展的目标，为建筑设计开拓更多可能性。

课后思考与实践

1. 结合一个实际案例说明如何通过设计策略增强用户的环境意识和体现设计伦理。例如，可以讨论垃圾分类设施设计或绿色建筑项目中的教育性展示。

2. 如何通过生态设计增强用户对自然环境的情感认同？试结合案例（如垂直绿植墙或生态步道）分析自然元素、生态符号与情感体验的关系。

3. 为一个城市社区设计一处生态农场或绿色共享空间，明确其功能分区、材料选择和用户参与方式，说明如何通过设计提升社区成员的归属感和可持续行为意识。

4. 为一个旅游度假村设计一处以地域文化为主题的生态景观（如竹材亭或石材步道），并说明如何通过生态符号传递文化价值并激发用户的情感共鸣。

第七章 技术与设计心理学

技术的飞速发展重新定义了设计领域的边界,也为心理学的研究和应用带来了全新机遇。从虚拟现实到人工智能,新兴技术正在深刻地影响用户的感知与行为模式。通过将数字技术融入设计,未来的设计师不仅能够优化用户体验,还能通过精准的数据分析和心理洞察,提出更加高效、互动性强且情感化的设计方案。本章旨在帮助设计师理解技术如何与设计心理学相结合,为设计实践提供创新路径。

数字技术的应用,尤其是虚拟现实和智能交互设计,改变了传统的人机互动方式。虚拟现实通过沉浸式体验增强了用户的感官参与和情感联结,智能交互设计则通过个性化服务和情感化元素提升了用户的信任感与满意度。此外,技术还为设计师提供了强大的数据支持,使他们能够基于科学的心理分析作出更加精准的设计决策。这种技术驱动的转型,不仅促进了设计师设计效率的提升,也开拓了设计心理学研究的新方向。

通过学习本章内容,设计师能够掌握技术在设计中的应用要点,理解虚拟现实如何塑造感官体验,探索智能交互如何优化用户行为,并发掘数据分析与人工智能在心理洞察中的潜力。这些知识能赋予设计师更强的创新能力,使他们能够在实践中创造出更具吸引力和社会价值的设计作品。

第一节 数字技术对心理感知的影响

随着数字技术的迅猛发展，虚拟现实（virtual reality，VR）等技术已成为设计领域的重要工具，不仅重塑了设计的表达方式，也深刻影响了用户的心理感知[43]。VR技术能够模拟真实环境或构建全新场景，使用户产生强烈的情感共鸣。本节重点探讨虚拟现实技术在设计中的应用及其对心理感知的深远影响。

一、虚拟现实与沉浸式体验

VR技术正在快速改变多个领域的工作方式，它通过高质量的图形、声音为用户提供全新的沉浸式体验。这种技术能够通过虚拟环境和真实世界的融合，创建一个高度互动和沉浸感较强的空间，使用户能在虚拟空间中感知、探索并与环境互动。虚拟现实为用户提供了一种身临其境的感官刺激，显著增强了用户的情感反应和认知效果。如今，虚拟现实不仅广泛应用于娱乐领域，还在建筑设计、环境艺术、教育等方面展现出强大的潜力。通过与虚拟环境的深度互动，用户能够加深对设计方案的理解，从而在多个领域带来更为生动的创作与教育成果。

（一）沉浸感与心理连接

沉浸感是虚拟现实体验的核心特点，它指的是用户在虚拟环境中与真实世界脱离的深度感知状态。当用户佩戴VR设备并与虚拟环境互动时，他们的感官和思维被完全吸引进虚拟世界，产生强烈的代入感。通过这种高度沉浸的体验，用户能够在短时间内感知到更为真实的环境特征，与设计方案建立深层次的情感联结。在沉浸式体验中，用户不仅仅观察设计作品，还亲自感受和体验它们，从而提升了情感参与度。

案例：建筑设计的VR展示

在建筑设计领域，VR技术的应用日益广泛。例如，麦卡锡建筑公司（McCarthy

Building Companies）[①]在其项目中成功地运用了VR技术。在设计医疗设施时，麦卡锡建筑公司使用VR技术创建了手术室的虚拟模型（图7.1）。医护人员通过佩戴VR设备，能够在虚拟环境中体验手术室的布局、设备位置和空间动线。这种沉浸式体验使医护人员能够提前提出修改建议，确保手术室设计符合实际需求，提高了设计方案的准确性和用户满意度。

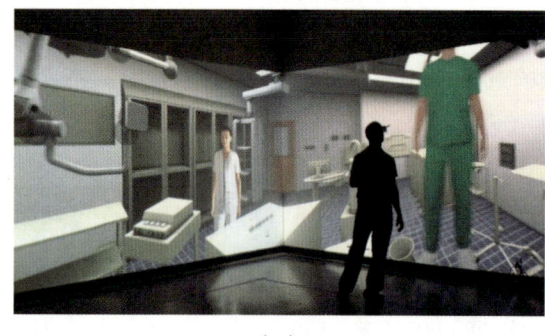
（a）

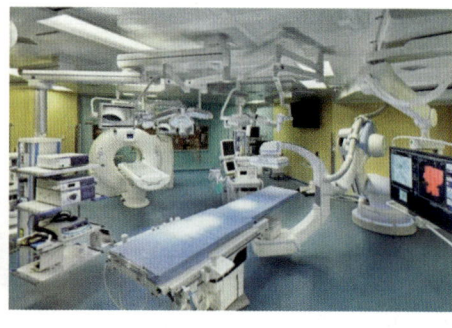
（b）

图7.1　VR技术在手术室设计中的应用

此外，DPR建筑公司（DPR Construction）[②]也在其项目中采用了VR技术。在弗吉尼亚联邦大学的一个改造项目中，DPR建筑公司使用VR技术让项目参与者在施工前体验建筑空间（图7.2）。通过这种方式，团队成员能够更好地理解设计意图，发现潜在问题，并进行及时调整，从而减少施工过程中的返工，提高项目效率和质量。

[①] 麦卡锡建筑公司（McCarthy Building Companies）是一家总部位于美国密苏里州圣路易斯（St. Louis, Missouri, USA）的综合建筑承包商，成立于1864年，专注于医疗、教育、交通和商业建筑领域。
[②] DPR建筑公司（DPR Construction）是一家总部位于美国加利福尼亚州红木城（Redwood City, California, USA）的国际建筑承包商，专注于高科技、医疗、教育和商业建筑领域。

（a） （b）

图 7.2　VR 技术在弗吉尼亚联邦大学改造项目中的应用

这些案例表明，VR 技术在建筑设计中发挥着重要作用。通过提供沉浸式的空间体验，VR 技术使设计方案变得更加直观和高效，促进了设计师与客户之间的理解与合作，提升了建筑空间的功能性和用户满意度。

（二）感官刺激与记忆增强

VR 技术通过多感官的协同作用，增强了用户的认知效果。这些感官刺激使用户在虚拟环境中的体验更加生动、富有深度，从而增强了他们对内容的记忆。当用户沉浸在充满细节和情感的虚拟世界中时，他们对设计内容的记忆更加深刻，产生的情感也更加持久。与传统媒体形式相比，虚拟现实能够激发更多的感官反应，用户不仅在视觉上受到冲击，还在听觉和触觉上受到刺激。

案例：新加坡国家美术馆的"An Imagined Past"虚拟现实体验

在 2025 年新加坡国家美术馆（图 7.3）举办的第九届"昼夜璀璨艺术节"（Light to Night Festival）中，街头艺术家 TraseOne[①] 创作了名为 *Now You See Us*？的多媒体投影作品。该作品以"可见性"为主题，体现了新加坡涂鸦艺术从地下文化到主流接受的演变历程，并展望了其未来潜力。通过精心设计的视觉效果和配套的音景，使观众沉浸在动态的多媒体环境中，获得对新加坡艺术遗产的全新视角。

---

① TraseOne 是新加坡街头艺术家和涂鸦先锋，以其独特的视觉风格和跨媒体创作而闻名。

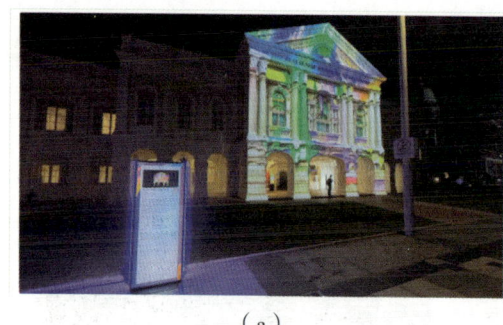 

（a）　　　　　　　　　　　　（b）

图 7.3　新加坡国家美术馆光影投映现场

这种多感官的沉浸式体验使观众能够更深入地理解涂鸦艺术的历史和文化背景，增强了对展览内容的情感联结。与传统的展览形式相比，结合视觉和听觉元素的多媒体投影能够激发更多的感官反应，使整个体验更加丰富和真实。观众不仅在视觉上受到冲击，还在听觉上受到刺激，从而加深了对内容的记忆。

通过多感官的协同作用，用户不仅能更好地理解设计内容，还能增强对内容的认知和记忆。这种刺激还激发了用户的好奇心和探索欲望，使他们能够主动进行学习和发现。

（三）情感参与与行为改变

VR 技术通过营造逼真的虚拟环境，能够有效激发用户的情感反应，进而影响他们的行为模式。通过在虚拟环境中模拟真实场景，设计师可以引发用户的情绪共鸣，使其更容易认同设计主题和核心思想。这种情感参与不仅增强了用户的体验感，还能促使他们在现实生活中作出相应的行为改变。当虚拟环境中的情感因素与用户的个人需求和价值观产生共鸣时，用户的行为意图和态度就会发生变化，从而实现设计目标的最大化。

案例：虚拟现实中的生态教育

新加坡国家博物馆曾举办过一场名为"亚马逊"的展览（图 7.4），其利用 VR 技术让参观者沉浸在热带雨林的虚拟场景中。在这个虚拟场景中，用户可以亲身体验热带雨林的多样性和美丽，也目睹了森林砍伐带来的破坏性影响。通过视觉、听觉等多种感官的刺激，参观者不仅看到了丰富的植物和动物，还感受到了生态破坏的严重性。这种沉浸式体验激发了参观者的情感共鸣，使他们对环境保护有了更深的理解和认同。许多参观者在体验后表示愿意在日常生活中采取环保行动，如减少使用一次性塑料制品，支持环保项目等。这个案例充分体现了 VR 技术在情感激发和行为改变方面的潜力。

（a）

（b）

图 7.4　展览现场

通过 VR 技术，设计者能够创造出引人入胜的虚拟环境，激发用户的情感反应，促使他们在现实生活中改变行为。这种方法在教育、培训、医疗等领域具有广阔的应用前景。

（四）沉浸式设计的优化策略

为了充分发挥虚拟现实的优势，沉浸式设计不仅需要注重技术层面的实现，还需要考虑用户的心理需求。通过对场景真实性、交互性和情感元素的优化设计，可以使虚拟体验更加符合用户的期待和情感需求，进而提升用户的参与感和满意度。优化策略具体内容如表 7.1 所示。

表 7.1 优化策略具体内容

优化策略	具体操作	应用	目标	细节处理
场景真实性	①提高纹理分辨率，增强细节表现 ②增强虚拟物体与用户的交互反应 ③模拟自然光照和环境光变化，增加动态阴影和反射	①应用于建筑设计、城市规划展示、虚拟旅游 ②在历史场景中增强真实感，提供沉浸式体验	通过完善虚拟场景的视觉、听觉和触觉细节，使其更加接近现实环境	①通过动态变化的光线和阴影效果，模拟不同时间段（如日出、黄昏等）的光照变化 ②引入真实的物理元素，如重力、摩擦力等，提高虚拟物品的物理响应速度
个性化交互	①使用传感器、摄像头等设备跟踪用户动作 ②根据用户偏好制定场景内容任务和互动方式 ③通过分析用户习惯，自动调整交互界面	①适用于娱乐、教育、社交平台等，可增强人们的参与感 ②在虚拟教学中根据学生需求调整课程内容	使用户在虚拟环境中的体验更具个性化，提升用户的满意度与参与感	①收集用户互动数据，如眼动、手势、步态等，用机器学习算法实时调整交互模式 ②基于用户偏好或历史行为动态调整界面布局，提升使用流畅性
情感化设计	①根据场景需要调整色调、饱和度，营造不同的情感氛围 ②通过场景化的背景音乐和音效增强情感体验 ③通过强光、柔光等调整场景氛围，引发情感共鸣	①适用于游戏设计、虚拟展示、心理治疗等领域 ②在生态环保项目中，通过情感化设计促进环保	通过情感驱动设计元素	①在不同场景使用特定色调，营造场景氛围； ②根据情感需求选择背景音乐和音效，如自然音效 ③通过渐变色调、光亮度调节等方式引导用户产生特定的情感反应
多感官整合	①通过振动、温度变化、压感技术增强触觉体验 ②结合3D音效增强空间感 ③通过气味释放设备，模拟不同环境的气味（如花香、海风等）	①适用于虚拟旅游、模拟训练、心理治疗等领域 ②通过嗅觉、触觉等增强体验的真实感和沉浸感	通过视觉、听觉、触觉、嗅觉等多感官的协同作用，全面提升用户的感官参与感	①通过VR手套、触觉反馈装置增强互动真实感 ②采用360度环绕声模拟不同方向的声音来源 ③通过与设备结合的嗅觉模块模拟环境气味

通过这些优化策略，可以最大限度地提升虚拟现实的沉浸感和情感参与度，使其成为一个极具吸引力和教育意义的工具。VR技术以其沉浸式体验为用户提供

了全新的感知方式，拓宽了设计心理学的研究范畴。通过增强沉浸感、多感官刺激和情感参与，VR技术不仅能加深用户对设计的理解和记忆，还能影响用户的态度与行为。未来，随着技术的进一步发展，虚拟现实将在设计中发挥更大的作用，为用户提供更加丰富、生动和个性化的体验，同时开拓设计心理学研究的新方向。

二、智能交互设计与心理效应

随着人工智能和物联网技术的迅速发展，智能交互设计在环境艺术设计中显得尤为重要。智能交互设计通过技术与设备的深度互动，不仅能提供便捷和高效的用户体验，还能在感官和情感层面产生一定的心理效应。它通过将智能技术融入公共艺术空间、环境装置、展览及互动体验设计中，改变了传统的人机交互方式，带来了更加丰富的用户体验。智能交互设计的普及不仅使得空间使用更加高效，也使得用户的心理需求得到满足，并能影响用户的行为模式，从而优化环境的整体效果。

（一）便捷性与用户满意度

智能交互设计的核心目标是提升用户体验的便捷性。通过简化操作步骤和降低时间成本，用户的满意度得以提高。在环境艺术设计中，智能交互设计的便捷性能够帮助用户更轻松、更自然地与环境互动，进而产生情感共鸣。

案例：布鲁克林多米诺公园的互动灯光装置

布鲁克林的多米诺公园（Domino Park）[①]有艺术家Jen Lewin创作的名为*Reflect*的互动灯光装置（图7.5）。该装置由多个同心圆形的平台组成，游客只需简单地行走或跳跃，平台就会对他们的动作作出响应，发出光斑，形成不断变化的组合。这种设计无须复杂的操作，用户可以轻松自然地与环境互动，感受艺术带来的情感共鸣。通过这种便捷的互动方式，游客的参与感和满意度得到了提升，公园的活力和趣味性也随之增强。

---

① 多米诺公园（Domino Park）位于美国纽约布鲁克林东河沿岸，是一个由詹姆斯·科纳场域运作事务所（James Corner Field Operations）设计的城市公共空间。该公园由废弃的多米诺糖厂（Domino Sugar Factory）改造而成，保留了部分工业遗迹，同时融入绿地、步道、儿童游乐区和互动艺术装置，成为布鲁克林较具活力的休闲场所之一。公园的设计强调社区互动与城市更新，定期举办艺术展览、装置艺术和文化活动，而*Reflect*是Jen Lewin融合科技与公共艺术的代表性作品。

(a)　　　　　　　　　　　　　(b)

(c)　　　　　　　　　　　　　(d)

图 7.5　布鲁克林多米诺公园的互动灯光装置

设计意义：智能交互设计通过简化操作，提高了空间的互动性和可达性，让用户无须任何技术背景即可参与其中，进而增强用户对艺术空间的亲和力和满足感。

（二）个性化与心理归属感

个性化设计是智能交互设计中另一重要的心理效应，它通过数据分析、用户行为和兴趣的学习，为用户提供定制化的体验，增强用户的归属感与情感联结。在环境艺术设计中，个性化设计能够使每个用户都在同一空间中获得与自己需求和情感相匹配的体验，进一步增强他们的参与感和认同感。

案例：博物馆互动展览中的个性化推荐

新加坡国家博物馆与日本数字艺术团体 teamLab[①] 合作，打造了名为"森林的

[①] teamLab 是日本知名的跨学科数字艺术团体，成立于 2001 年，以沉浸式艺术、互动科技和算法驱动的视觉体验而闻名。其作品融合人工智能（AI）、增强现实（AR）、光影投影等前沿技术，强调观众与艺术作品的互动。在新加坡国家博物馆的"森林的故事"展览中，teamLab 运用动态影像与触控互动，将 19 世纪博物学绘画转化为生动的数字生态系统，使参观者能够在虚拟森林中探索、影响环境，并与数字动植物互动，强化了艺术、自然与科技的融合体验。

故事"的沉浸式展览。该展览以馆藏的威廉·法夸尔的《自然图集》为灵感来源，将其中69幅水彩画作转化为生动的动态影像。该展览还通过先进的数字技术，营造出充满活力的虚拟森林环境，观众可以与其中的动植物进行互动（图7.6）。这种个性化的互动体验使每位观众都能根据自身的兴趣和行为，获得独特的感官享受，增强了他们对展览的归属感和情感联结。

（a）

（b）

图7.6　新加坡国家博物馆的虚拟互动

通过这种智能交互设计，观众不仅能欣赏到艺术作品，还能主动参与其中，深刻感受到人与自然的关系。这种个性化的体验有效提升了观众的参与感和认同感，体现了智能交互设计在环境艺术设计中的重要心理效应。个性化设计通过提供符合用户偏好的体验，使用户感到更加被尊重和被理解，进而增强他们与艺术空间的情感联结。

（三）情感化设计与用户信任

情感化设计在智能交互设计中的应用能够增强用户与设备之间的情感联结。在环境艺术设计中，情感化元素可以通过智能设备和空间设计的结合，让用户在互动时产生更多的情感共鸣，进而增强对环境和设计的信任感。

案例：拟人化虚拟助手在公共艺术装置中的应用

新加坡地铁运营商新捷运（SBS Transit）与新加坡国立大学的初创公司FingerDance合作，推出了人工智能虚拟助手SiLViA，旨在为听障乘客提供无障碍的出行体验（图7.7）。该系统利用先进的语音识别算法，将口语或书面文字即时转换为手语，显示在屏幕上，帮助听障乘客获取所需信息。SiLViA不仅能将语音和文字转换为手语，还能通过文字和语音进行回复，确保所有乘客（包括听障人士）都能获得智能解答服务。该系统计划于 2024 年 7 月在东北线的牛车水地铁站进行试点，旨在评估其有效性，获取用户反馈。

图 7.7　虚拟助手在公共艺术装置中的应用

通过拟人化的虚拟助手 SiLViA，新加坡地铁不仅提升了信息获取的便捷性，更通过友好、具有人情味的互动方式，拉近了乘客与公共设施之间的心理距离。这种设计不仅满足了听障人士的特殊需求，也提升了所有乘客的出行体验，增强了他们对公共空间的归属感与信任感。情感化设计与智能技术的深度融合，使公共艺术装置不再只是静态的展示品，而是成为能够主动与人沟通、传递温度的互动媒介，推动了公共环境中人机关系的积极发展。这一趋势表明，未来的智能交互设计将更加关注用户的情感体验，致力构建更具人性化和包容性的公共空间。

（四）即时反馈与行为强化

即时反馈是智能交互设计中的重要特性，能够在用户的每个操作后及时给出反馈，使用户清晰地了解自己行为的效果，并激励其进行下一步行动。在环境艺术设计中，智能系统通过实时反馈用户的行为，使他们能够不断强化与艺术装置的互动，提升空间的参与感和互动性。

案例："Now You See Us？"展览

在新加坡国家博物馆举办的"Now You See Us？"展览（图 7.8）中，策展团队巧妙地使用智能交互技术，打造了一面具有实时反馈功能的互动艺术墙。这面艺术墙采用先进的传感器和数据处理技术，能够即时响应观众的触摸和手势，实时生成动态的视觉和音效反馈，增强观众的沉浸感和互动体验。

图7.8 "Now You See Us？"展览

当观众靠近艺术墙或进行简单的触摸操作时，墙面上的图像和光影会立即发生变化。例如，轻触某一图案，便会促使周围的光效扩散，形成炫目的视觉波纹；当观众挥动手臂或做出特定手势时，艺术墙则会生成多彩的几何图形或动态影像，这一过程与观众的动作保持同步。此外，系统还会根据观众的互动频率和停留时间展示鼓励性的文字或播放音效，如"太棒了！""继续探索！"等，激励观众继续参与互动。

这种即时反馈机制有效强化了观众的行为，使他们在不断尝试和探索中获得成就感和乐趣。与传统静态展览不同，这种设计让观众不再是被动的欣赏者，而是主动的参与者。智能系统的实时响应不仅提升了空间的互动性和趣味性，还激发了观众的好奇心和探索欲，推动他们更深入地与艺术作品进行互动。即时反馈通过明确的视觉和音效反馈，让用户看到自己行为的结果，强化了用户的参与动力，提升了互动体验的连续性和参与感。

（五）智能交互的伦理与心理边界

智能交互设计在提升空间功能性和用户体验的同时，带来了伦理和心理方面的挑战。例如，用户隐私数据的收集、个性化推荐中的偏见，以及过度拟人化设计可能导致用户对技术过度依赖等问题。在环境艺术设计中，设计师应平衡便利性与用户隐私保护，以确保智能交互设计不仅提供便捷的体验，还能维护用户的心理安全。

智能交互设计在提升用户体验的同时，引发了关于伦理与心理边界的讨论。在环境艺术设计中，智能系统的应用需要在提供便利与保护用户隐私之间取得平衡。例如，智能导览系统通过收集游客的行为数据，为其提供个性化的推荐服务。然而，这种数据收集行为可能引起用户对隐私被侵犯的担忧。因此，设计师应在系统中加入透明的隐私政策，并允许用户自主选择数据收集的范围和程度。此外，过度拟人化的设计可能导致用户对技术过度依赖，甚至混淆人与机器的界限。因此，设计师在追求智能交互的同时，必须谨慎考虑伦理问题，确保用户的心理安全，避免产生不必要的心理负担。只有在设计中慎重处理这些问题，才能实现智能交互与用户心理安全的和谐统一。

此外，随着技术的不断进步，智能交互系统逐渐具备更高水平的自主性和数据处理能力，这也加剧了伦理与心理边界的复杂性。设计师不仅需要关注技术本身的安全性和可靠性，还要考虑其潜在的社会影响。例如，当环境艺术装置通过算法分析用户行为、自动调整互动方式时，可能在无意中强化了某些偏见，或缩小了用户的自主选择空间。这种"算法偏见"可能在不知不觉中影响用户的决策，削弱其独立思考的能力。

因此，智能交互设计应遵守"技术透明性"和"用户赋权"原则，确保用户能够清晰了解系统的运行机制及数据处理方式，避免被技术所操控。在具体实践中，设计师可以通过设置明确的数据使用提示、提供可控的互动界面及设计多样化的互动路径，帮助用户在智能环境中增强自我意识和心理安全感。只有在充分尊重用户隐私、保障其心理健康的前提下，智能交互设计才能真正实现技术与人文的和谐共生。

第二节 技术对设计决策的辅助作用

技术在现代设计中扮演着关键角色,尤其是大数据、人工智能和物联网等新兴技术,通过对用户数据的收集与分析,为设计师提供了科学依据,优化了设计决策过程[44]。用户数据作为连接用户需求和设计实现的桥梁,赋能个性化设计,使设计方案更贴合用户的心理与行为特征。

一、用户数据与个性化设计

在现代设计领域,用户数据的应用已成为提升设计效率和用户体验的重要手段。通过分析用户数据,设计师不仅能够深入理解用户行为,还能够挖掘潜在的需求,从而制定更加精准和个性化的设计方案。个性化设计是当今设计实践中的一种趋势,借助数据的力量,设计师可以为不同用户提供定制化的产品和服务,以满足他们独特的需求和偏好。

(一)用户数据的来源与作用

在实际应用中,用户数据主要包括显性数据和隐性数据两种类型,二者相结合,能够为设计师提供更全面的用户画像。显性数据是通过直接观察或技术工具收集到的,能够直接反映用户的行为。例如,办公空间中用户的活动轨迹和频繁使用的区域,商场中顾客的购物路径和停留时间等,均属于显性数据。隐性数据则是通过传感器和大数据技术等手段挖掘出的信息。例如,智能建筑系统通过传感器捕捉室内环境的变化,并结合用户的活动习惯,自动调整温度、光照等,以提升空间的舒适度。这类数据虽然不直接表现出来,但通过技术分析揭示了用户的潜在需求。

案例：智能办公空间中的用户数据应用

新加坡的 Capital Tower① 办公大楼是一座智能办公楼，设计团队通过数据采集和分析用户的空间使用行为，优化了楼内各功能区的布局。通过传感器监测员工在各个区域的活动，如在会议室和公共休息区的活动等，设计团队发现，部分员工倾向于在安静区域独立工作，而另一些员工更喜欢开放式的互动空间。

基于这些数据，设计团队对空间进行了调整，增加了私人工作舱和开放讨论区的比例，同时在走廊和休息区增加了更多的社交空间，以适应不同员工的需求。通过这种个性化设计，员工的工作效率提高了 20%，其满意度和空间使用率也大幅提升。

（二）基于用户数据的个性化设计流程

个性化设计基于用户数据的有效收集和分析，通常包含四个步骤：数据收集、数据分析、设计实施和反馈优化。通过这一流程，设计师能够制定更精准、更个性化的空间设计方案，满足用户的独特需求。

第一，数据收集。在建筑和室内设计领域，数据收集通常通过问卷调查、安装传感器设备、用户行为追踪等方式进行。通过这些手段，设计师可以获得用户的行为轨迹、活动偏好等信息。

第二，数据分析。数据分析是将收集到的用户数据转化为有价值的信息的过程。设计师通过数据分析工具，如聚类分析、回归分析等，识别出用户的行为规律和偏好，从而为个性化设计提供数据依据。

第三，设计实施。在设计实施阶段，设计师根据分析结果进行空间布局调整或功能优化。例如，设计师根据员工的工作习惯，为不同区域配置不同的设备。

第四，反馈优化。设计完成后，设计师通过收集的用户反馈和行为数据，进一步优化设计方案。反馈优化是一个持续的过程，设计师可根据反馈不断调整空

---

① Capital Tower 是新加坡标志性的智能办公楼之一，位于莱佛士坊商业区，由新加坡吉宝置地（Keppel Land）开发。该大楼采用智能建筑管理系统（BMS），结合数据分析、传感器网络和自动化控制，提高办公空间的使用效率。通过实时监测员工活动数据（如会议室预订、办公桌占用率、公共区域使用频率），Capital Tower 设计团队得以调整空间布局、改善动线设计，从而提供更符合员工需求的工作环境。

间布局和功能设计，以满足不断变化的用户需求。

案例：Zara[①] 的个性化服装推荐系统

Zara 作为全球领先的快时尚品牌，在在线购物平台采用了个性化服装推荐系统，能够根据顾客的浏览历史、购买行为及偏好数据，自动为顾客推荐个性化的服饰。通过大数据分析，Zara 能精准捕捉顾客的时尚需求，从而提供量身定制的购物体验。该个性化服装推荐系统显著提高了平台的转化率，尤其是在新用户群体中，个性化推荐页面的点击率比普通页面高出了 30%，且客户满意度显著提升。个性化设计通过用户数据的智能应用，不仅满足了用户的个性化需求，还提升了平台的商业价值。

（三）个性化设计的心理效应

个性化设计能够通过几种心理机制来增强用户与空间的情感联系。通过对用户行为的精准分析，设计师能够提供符合用户需求的空间设计，进而激发用户的情感共鸣。

首先，个性化设计能够增强用户对空间的认同感。用户会倾向于选择那些与自身需求密切相关的设计方案，从而建立与空间的情感联系。例如，在私人住宅设计中，用户通常会选择符合自己生活习惯和审美偏好的空间配置，从而增强对空间的归属感。其次，个性化设计通过让用户感受到被关注和被理解，强化了用户与空间之间的情感联结。例如，通过为住宅设计定制个性化的家庭区和社交区，可以增强用户对家居环境的归属感，增强其对空间的喜爱之情。最后，个性化设计能够减轻用户在选择空间配置或设计元素时的认知负担。用户不再需要在大量选择中费时决策，智能推荐系统可以根据其历史数据和偏好自动推荐合适的设计选项。例如，在商业空间中，通过数据分析，设计师能够为顾客提供最合适的商品布局和展示方式，从而提高顾客的购买效率和购物体验。

[①] Zara 是西班牙时尚零售巨头 Inditex 集团旗下的核心品牌，以快速响应市场趋势的供应链和数据驱动的零售策略而闻名。其个性化服装推荐系统基于顾客的浏览记录、购买历史、偏好数据等因素，为其提供个性化的推荐。该系统不仅提升了用户体验和购物便捷性，还显著提高了转化率和销售额，使 Zara 在快时尚市场的数字化零售竞争中保持领先地位。

案例：The Ritz-Carlton Hotel 的个性化服务设计

The Ritz-Carlton Hotel 通过高效的数据收集与分析，提供个性化的酒店服务。例如，客户入住时，酒店根据过往数据自动调整房间环境，如根据客户喜好设置温度、灯光等，并提供相应的欢迎礼物。这种定制化服务让客户感到被尊重与被关注，客户的满意度和复住率得到了显著提升。个性化设计通过增强归属感和认知简化，使用户与空间建立深层联系，从而提升用户的满意度和情感认同感。

（四）数据驱动设计的挑战及其应对策略

尽管数据驱动设计为个性化设计提供了极大的便利，但其在实际应用中仍面临着一些挑战。特别是在数据隐私保护、数据质量和数据应用等方面，设计师需要采取有效的策略加以应对。

用户数据的收集与使用需要严格遵循隐私保护法规。设计师在设计过程中必须确保数据的透明度和合法性，向用户清晰说明数据的用途，并获得用户的同意。如果数据收集渠道有限或数据样本不够全面，可能会导致设计决策出现偏差。因此，设计团队需要收集多元化的数据，避免单一数据源带来的偏差。数据分析和应用需要技术支持，设计团队可能面临数据处理能力和技术工具不足的问题。因此，设计团队应当与技术团队合作，提升数据分析能力，确保设计方案的科学性和可操作性。

数据驱动设计挑战的应对策略还可以图片形式呈现，具体内容如图 7.9 所示。

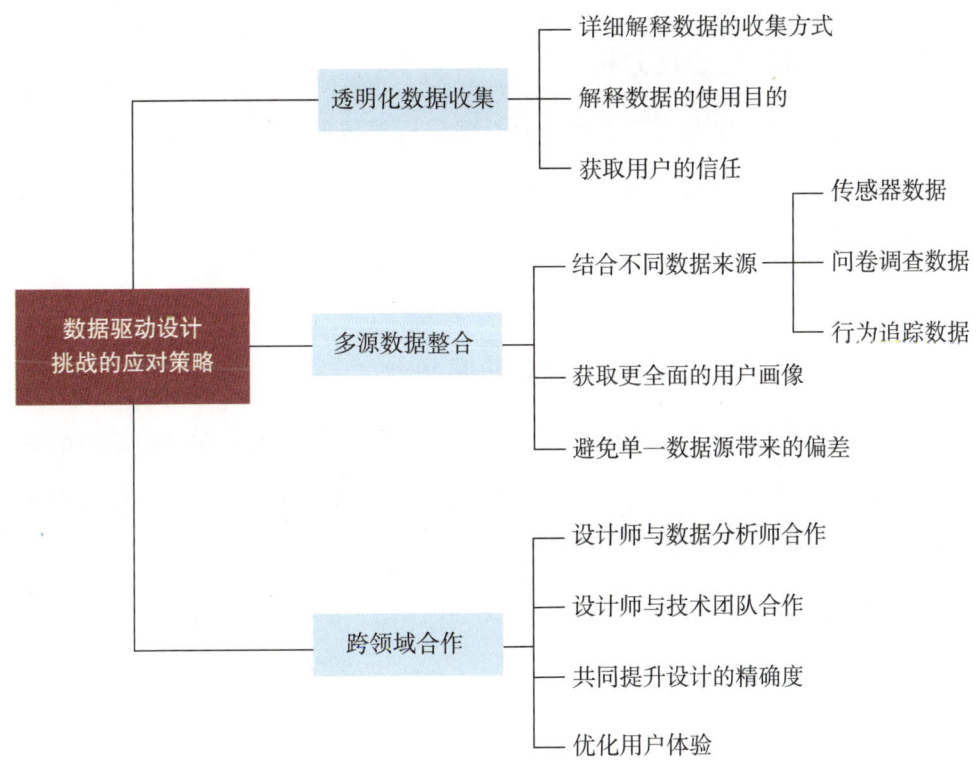

图 7.9 数据驱动设计挑战的应对策略

案例：Apple's Privacy Measures in iOS 14.5

在 iOS 14.5 中，苹果公司推出了 App 跟踪透明度功能，用户可以选择是否允许应用跟踪他们的活动。此举消除了用户对隐私泄露的担忧，并提高了数据收集的透明度。通过这一隐私保护措施，苹果公司不仅提升了用户对其产品的信任，还加强了与用户之间的情感联系，提高了用户对品牌的忠诚度。

用户数据为个性化设计提供了科学依据，使设计能够更加贴合用户的需求和心理特性。通过对显性和隐性数据的收集与分析，设计师不仅能够优化产品功能，还能提升用户的满意度和品牌认同感。然而，数据驱动设计也面临隐私保护和数据偏见等挑战，需要通过透明化和技术协作加以解决。随着技术的不断进步，用户数据将在设计决策中发挥越来越重要的作用，为设计实践提供更多创新可能性。

二、人工智能与心理分析

人工智能（AI）技术的飞速发展为心理分析领域提供了全新的可能性。AI 能够通过大规模数据处理和模式识别，挖掘用户的情感、行为和偏好，从而为设计师提供更加精确的心理洞察。在设计领域，人工智能与心理分析的结合，不仅优化了用户体验，还推动了情感化设计的实现[45]。

（一）人工智能在心理分析中的应用场景

人工智能在环境艺术设计中的应用逐渐成为提升用户体验和空间功能的重要手段，特别是在心理分析领域。AI 通过强大的计算和分析能力，能够帮助设计师更精准地了解用户的心理需求，并依据数据优化空间设计。AI 在心理分析中的应用场景如图 7.10 所示。

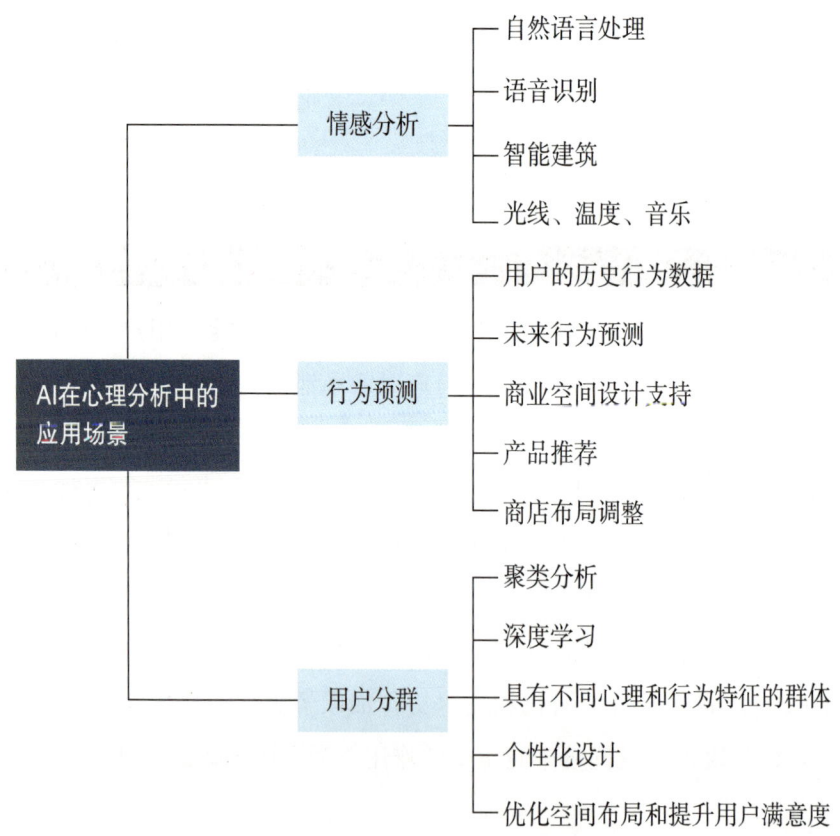

图 7.10　AI 在心理分析中的应用场景

首先，通过自然语言处理和语音识别技术，AI能够精准捕捉用户的情感状态。例如，在智能建筑设计中，AI可以根据用户的语音语调判断其当前情绪，并自动调整室内环境的光线、温度或背景音乐，从而营造更适宜的氛围。这种基于情感的调整不仅提升了空间的舒适度，还对用户的心理健康和工作效率产生了积极影响。

其次，行为预测聚焦于AI利用用户的历史行为数据，推断其未来可能产生的需求及使用的行为模式。通过分析顾客的消费和浏览记录，AI能够为商业空间设计提供支持，还可以为顾客提供产品推荐服务。例如，在零售空间中，AI可以根据顾客的行为数据调整商店布局，调整产品展示的位置，以吸引顾客的注意力并提高销售额。行为预测技术的应用不仅增强了用户体验，还显著提升了其商业价值。

最后，用户分群体现了AI在群体行为分析和精准设计中的独特优势。通过聚类分析和深度学习，AI能够将用户划分为具有不同心理和行为特征的群体，为设计师提供明确的用户画像。例如，在个性化设计中，设计师可以根据不同群体的需求调整空间的功能布局，使其更符合用户的使用习惯和情感需求。这种方法在优化空间布局和提升用户满意度方面表现得尤为突出。

（二）情感分析与设计优化

情感分析可以帮助设计师了解和满足用户的情感需求，使设计更加人性化。通过多模态数据（如语音、文本、面部表情等），AI可以实时捕捉用户的情感变化，从而为设计优化提供依据。

案例：智能酒店客房的情感分析

在阿里巴巴集团旗下的阿里巴巴智慧酒店，AI情感分析被广泛应用于酒店客房的智能化设计。通过语音识别和面部表情分析，酒店的智能系统能够识别住客的情绪变化。当智能系统感知到住客情绪低落时，会自动调节房间内的灯光、温度，并播放舒缓的背景音乐来改善住客的情绪状态。这样的设计使住客感受到个性化的关怀，提升了他们的住宿体验和对酒店的忠诚度。

通过情感分析，智能化的环境设计能够在无须人工干预的情况下满足住客的情感需求，提升空间的舒适感，使其更加人性化。

（三）行为预测与个性化服务

通过 AI 的行为预测功能，设计师可以更加精准地满足用户的隐性需求，提升空间的使用效率和个性化程度。例如，在智能办公室设计中，AI 可以通过分析用户的行为轨迹和偏好，预测其未来需求并优化空间配置。

案例：迪士尼乐园中的智能行为预测

迪士尼乐园的设计团队通过 AI 技术，利用游客的历史行为数据（如游乐项目的选择、停留时间和互动模式）进行行为预测。迪士尼乐园会根据游客的偏好在游客到达时自动为他们推荐最佳的游玩路线，这样不仅可以远离人流密集区域，还可以提升游客的游乐体验。AI 还会根据游客在迪士尼乐园内的互动情况调整相关设施，以提高游客的体验满意度。

AI 的行为预测功能使设计更加个性化，能够根据每个用户的独特需求和行为模式调整空间布局和服务内容，从而提高用户的整体满意度。

（四）用户分群与精准设计策略

AI 通过聚类分析技术，能够将用户群体按其心理特征、需求和行为模式分为不同的群体，设计师可以基于此提供更加精准的设计策略。例如，在商业空间设计中，AI 可以帮助设计师识别并满足不同顾客群体的需求。

案例：宜家（IKEA）的用户分群与店铺设计

宜家长期以来致力通过技术创新提升客户体验。其利用 AI 技术分析顾客的购买记录、浏览行为和偏好，将顾客分为不同群体，如价格敏感型、品牌忠诚型和功能导向型等。基于这一分类，宜家在店铺设计和产品推荐上采取了相应的策略。价格敏感型顾客：宜家在店内显著位置展示折扣商品和促销信息，吸引注重性价比的顾客。通过清晰的标识和引导，这些顾客能够快速找到优惠产品。品牌忠诚型顾客：针对对品牌有较高忠诚度的顾客，宜家提供会员专属区域，展示新品和限量版产品。同时，设置舒适的休息区和互动体验空间，增强顾客对品牌的归属感和忠诚度。功能导向型顾客：对于注重产品功能和实用性的顾客，宜家在店内设置了模拟家居场景的展示区，直观呈现产品的使用方式和功能特点。通过实际场景的演示，帮助顾客更好地理解产品如何应用，提高其购买决策效率。

此外，宜家还推出了由 ChatGPT 支持的 AI 设计助手，为顾客提供个性化的设计建议。顾客可以通过扫描房间，虚拟体验家具的摆放效果，并根据个人喜好和预算，获取定制化的家居方案。

（五）人工智能与心理分析的挑战

尽管人工智能在环境艺术设计中的应用具有广泛前景，但其在实践中仍然面临一些挑战。

挑战一：隐私保护与数据安全。AI 应用需要收集和分析大量的用户数据，尤其是关于情感和行为的数据，这可能涉及用户的隐私问题。设计师和技术团队必须确保在数据收集和使用过程中遵守隐私保护规定，避免侵犯用户的个人隐私。

挑战二：数据偏见与设计误差。AI 的决策和分析依赖于数据，若数据不完整或出现偏差，可能会导致设计决策的失误。例如，如果用户数据来自特定的群体或地区，可能无法准确反映整个用户群体的需求，从而影响设计的全面性和有效性。

挑战三：情感复杂性。尽管 AI 可以捕捉和分析情感，但它在识别复杂情感（如混合情绪或深层次心理需求）方面仍有局限性。这种局限性可能导致误判，从而影响设计的精确性和有效性。

（六）优化策略与未来方向

要想在设计中更好地发挥 AI 的优势，设计师和技术团队可以从以下方面入手。

首先，要注重数据透明性。在数据收集的过程中，明确告知用户数据的用途、使用范围和保护措施。通过这种透明化的操作，能够有效地让用户建立信任，消除在隐私方面的担忧，从而让用户更愿意参与到数据驱动的设计流程中。这样既能提升用户的参与感，也能为设计提供更可靠的数据基础。

其次，要注重多模态数据整合。在设计中，结合语音、文本、图像等多种形式的数据，可以让情感分析和行为预测更全面、更准确。例如，通过语音分析了解用户当前的情绪状态，结合图像捕捉用户的面部表情，设计师能够对用户的需求有更加全面的把握，从而设计出更符合用户期望的空间和功能。

最后，要想推动 AI 与设计结合，需要依赖跨学科合作。设计师不仅需要与数据分析师合作，还需要邀请心理学家和技术专家加入团队，共同研究用户的心理和行为模式。这种多领域的协作能够让 AI 更深入地了解用户的复杂情感，帮助设计师更精准地作出决策，同时让设计方案更具温度和人性化。

如此，AI 技术可以真正融入设计过程，创造出更加贴合人性和情感的空间体验。

课后思考与实践

1. 人工智能在情感分析和行为预测中有哪些应用场景？如何通过 AI 技术提升设计方案的精准度和用户体验？

2. 假设您需要设计一个虚拟现实体验项目（如虚拟博物馆），请详细说明场景设计、感官整合和情感化策略，并解释如何通过 VR 技术增强用户的沉浸感和情感联结。

3. 编写一份技术伦理指南，为设计师在使用用户数据和人工智能时提供伦理框架和实践建议，确保用户的隐私和权益得到保护。

第八章 设计心理学的研究方法

研究方法是设计心理学的基石,为设计师提供了系统性工具,用以分析用户行为、探索心理需求和验证设计效果。本章旨在通过深入解析实验研究法、调查研究法和案例研究法,帮助设计师掌握科学的研究手段,为优化设计提供理论支持和实践指导。这些方法不仅适用于设计过程中的验证与调整阶段,也为用户体验的创新与完善提供了依据。

现代设计的复杂性要求设计师不仅关注视觉美学,更需以用户为中心,精准解读其行为与情感。本章详细探讨了实验研究法如何揭示设计与用户行为的因果关系。同时,通过调查研究法,设计师能够实现从问题发现到方案验证的全流程优化,提升设计方案的科学性和实际应用价值。掌握这些方法对提高设计的功能性和用户满意度至关重要。

学习本章内容,设计师能系统地运用实验与调查工具,量化用户行为模式,探索情感反应机制,并在设计中整合科学方法与心理洞察。这些能力能帮助设计师在面对复杂需求时,形成以数据为支撑的决策思路,进而创造出更具吸引力、功能性和情感价值的设计作品,为设计心理学领域开拓新的实践路径。

第一节 实验研究法

实验研究法是设计心理学中的核心研究方法之一,通过控制变量、设置实验条件和收集定量数据,揭示设计与用户行为之间的因果关系。用户行为实验作为实验研究法的重要类型，专注于分析用户在不同设计情境下的行为模式和心理反应，为优化设计方案提供科学依据。

一、用户行为实验

用户行为实验通过设计模拟或真实场景，研究用户在特定条件下的行为表现及心理机制。这种方法强调行为数据的客观性和实验条件的可控性，是检验设计效果和探索用户需求的重要工具。

（一）研究目的

用户行为实验的核心目标在于揭示设计元素对用户行为的具体影响，并为设计优化和用户体验提升提供科学依据。通过系统化的实验研究，设计师可以从数据中提炼洞察，为设计决策提供支持，进而提出更加精确和人性化的设计方案。其研究目的主要体现在以下三个方面。

1. 优化设计方案

通过实验对不同设计选项进行验证，可以清晰地评估每种设计在实际使用中的效果。例如，测试不同界面布局对用户操作效率的影响，能够帮助设计师选择更直观、更高效的界面结构。通过数据驱动的优化过程，设计方案不仅更贴近用户需求，还能够最大化地提升用户体验和产品价值。

2. 分析行为模式

实验通过观察和记录用户的行为，可以深入探索用户的习惯、偏好及决策机制。例如，在复杂的购物情境中，研究用户的选择路径有助于揭示影响其决策的关键因素，如商品排列、价格信息的呈现方式或促销内容。这些洞察能够帮助设计师精准调整产品布局或信息表达方式，从而更好地满足用户的期望。

3. 预测行为结果

基于实验结果，可以合理推测用户在实际情境中的行为趋势，从而为设计提供支持。例如，通过实验评估某设计是否能够显著提高产品的使用率，可以为新产品的发布提供风险评估和数据保障。这种预测能力能够帮助设计师在设计初期就规避潜在问题，提高设计的成功率和市场适应性。

通过揭示设计元素对用户行为的具体影响，用户行为实验不仅帮助设计师理解用户行为、优化方案，还为设计创新提供了可靠的科学基础。这种研究方法的应用，将设计从主观决策引向数据驱动的理性选择，为用户体验的提升提供更大的可能性。

（二）实验设计与实施

用户行为实验的设计与实施需要科学合理，确保研究过程具有可操作性、严谨性和有效性。为了获得可靠的研究结果，实验设计通常包括以下几个步骤。

1. 明确研究目标

实验设计的第一步是明确研究目标，即实验所要解决的问题和验证的假设。这一步需要清晰地定义研究范围，并提出具体的假设。例如，可以假设界面中的图标大小会显著影响用户的点击率。明确研究目标不仅能指导实验设计的后续步骤，还能确保实验过程始终围绕核心问题展开。

2. 设计实验变量

实验变量的合理设计是实验设计的核心。通常，实验中有以下几个变量。

自变量：设计条件的不同水平或类型。例如，按钮的大小、颜色或位置。

因变量：用户行为的可测量指标，用于评估自变量的影响。例如，点击速度、任务完成时间或用户满意度评分。

控制变量：可能对实验结果产生干扰的外部因素，应尽量保持一致。例如，在研究按钮大小对点击速度的影响时，需要控制屏幕亮度和显示分辨率等环境条件。

3. 设计实验情境

根据研究目标设计实验情境，选择适当的环境形式。实验情境可以是模拟环境（如虚拟现实场景）或真实环境（如商场）。在模拟环境中，实验者可以精确控制变量，如通过虚拟现实技术模拟用户在特定场景下的行为反应。在真实环境中，实验结果更贴近实际使用情境，但可能受到更多不可控因素的干扰。因此，真实环境实验需在前期进行细致规划，以尽量减少误差。

4. 选择实验对象

实验对象的选择对实验结果的普适性和代表性至关重要。研究人员需要根据研究目标选择具有代表性的实验对象，确保样本具有足够的多样性和有效性。例如，在研究智能手机界面的优化时，实验对象应包括不同年龄段、性别的用户。此外，样本规模也需满足统计学要求，以确保实验结果具有显著性和可靠性。

5. 收集与分析数据

实验设计的最后一步是收集与分析数据。研究人员可通过多种手段记录用户的行为和反应，例如：

观察与录像：用于捕捉用户的行为细节和操作路径。

采用传感器：记录用户的生理反应，用于分析行为背后的心理机制。

问卷调查：获取用户的主观反馈和情感评价。

收集数据后，需使用统计分析方法对实验结果进行验证，检验研究假设是否成立。例如，采用t检验或方差分析评估自变量对因变量的影响，并结合相关分析或回归模型探索变量之间的关系。这一步至关重要，它直接影响实验结果的解释和研究目标的实现。

科学合理的实验设计与实施是用户行为实验成功的关键。通过明确研究目标、设计实验变量、设计实验情境、选择实验对象和收集与分析数据，设计师可以获得可靠的实验结果。这些结果不仅能验证假设和解答研究问题，还能为设计优化提供科学依据，推动更符合用户需求的设计实践。

（三）应用案例

用户行为实验通过真实场景的测试和数据分析，为设计优化提供了重要参考。以下两个案例展示了实验设计如何揭示设计元素对用户行为的具体影响，并为改进设计提供科学依据。

1. 城市公园路径设计对用户行为影响的实验

在城市公园路径设计项目中，设计团队研究了城市公园路径设计对用户行走行为的影响,目的是优化路径规划,以提升公园使用效率和用户满意度。实验设置了三种路径:直线路径、曲线路径和自由分布路径,并利用无人机和地面传感器记录用户的实际行走路径和停留时间。

实验结果显示,直线路径在通勤类用户中比较受欢迎,他们倾向于选择最短距离的路径到达目的地。曲线路径吸引了更多的散步和观景用户,这类路径设计通过提高绿化覆盖率和增加沿途休憩点显著延长了用户的停留时间。自由分布路径的复杂性增强了部分用户的困惑感,导致其使用率较低。

基于这一结果,设计团队针对不同区域的功能需求进行差异化路径设计:在通勤高频区域采用直线路径来提升效率,在景观区域采用曲线路径并增添观景平台和座椅,从而更好地满足不同用户群体的需求。

2. 开放式办公空间中的灯光设计实验

在恒星科学城建筑室内设计项目中,设计团队研究了不同灯光设计对开放式办公空间员工效率和舒适度的影响。实验提出了三种灯光设计方案:冷白光、暖白光和动态调节光。实验对象为一家中型企业的员工,他们分别在这些灯光条件下完成为期一周的日常工作,其间通过心率监测、问卷调查和效率统计收集数据。

实验结果表明,冷白光有助于提高员工的专注力和工作效率,但员工长时间处于这种环境会导致视觉疲劳;暖白光增强了空间的舒适感,营造了社交氛围,但员工在这种环境中处理高强度任务时表现不佳;动态调节光根据一天中的时间变化自动调整亮度,有效提高了员工的工作效率和舒适度,员工对其的满意度最高。

基于实验结果,设计团队在办公空间中引入了动态调节光系统。这一设计优化显著提升了员工的工作体验,满足了办公空间不同区域的多样化需求。

通过用户行为实验,设计团队能够明确环境艺术和建筑室内设计中的关键影响因素,如路径规划和灯光设计。这些实验不仅优化了设计方案,还通过科学的数据支持提高了设计的用户适配性和满意度。这种方法使设计更贴合用户的实际需求,同时为设计创新提供了可靠的基础。

（四）优势与局限性

在设计心理学研究中，用户行为实验是一种核心研究方法，能够通过科学控制和数据分析，揭示设计与用户行为之间的关系。表8.1详细介绍了用户行为实验的优势与局限性。

表8.1　用户行为实验的优势与局限性

优势	局限性
因果性验证：通过控制变量，清晰地揭示设计与用户行为之间的因果关系 高重复性：实验遵循严格的操作规范，便于不同研究者验证和扩展 数据精确，定量分析：实验数据通常采用定量指标，如点击率、反应时间等，这样分析结果更具说服力	实验环境限制：实验室可能无法完全反映真实情境，影响研究的外部效度 参与者偏倚：受试者通常局限于特定人群，影响结果的普适性 成本与时间投入：复杂实验的设计与实施可能需要高昂的设备投入和较长的研究周期

二、感知与情感测试

感知与情感测试是一种探索用户在特定设计情境下的感官反应和情感体验的研究方法[46]，广泛应用于产品设计、界面设计和空间设计等领域。通过测量用户对设计元素的感知和情感反应，设计师可以优化设计方案，使其更符合用户需求并提升用户的情感联结。

（一）研究目的

感知与情感测试的主要目的是量化用户的感官体验和情感反应，以揭示设计对用户心理的影响。

评估设计效果：测试设计元素是否能够有效传递预期的感知或情感。例如，不同色调是否能营造出预期的空间氛围。

优化用户体验：通过分析用户的感知和情感数据，识别设计中的问题并提出改进方向。例如，某界面的布局是否让用户感到直观和舒适。

探索情感联结：研究设计元素如何与用户的情感需求建立连接。例如，产品的外观设计是否能引发用户的愉悦感或归属感。

(二)测试方法与实施

感知与情感测试通常结合主观报告和客观测量,以下为常用方法。

问卷调查:设计以感知或情感为核心的问题,让用户通过评分或描述的方式反馈体验。例如,使用Likert量表评估颜色对空间氛围的影响。

生理测量:通过记录用户的生理反应(如心率、瞳孔扩张程度)捕捉其情感状态。例如,检测用户在沉浸式游戏场景中的兴奋程度。

行为分析:通过观察用户的行为反应,如注视点、动作速度和使用频率,推测其感知或情感反应。例如,记录用户在不同字体排版下的阅读时间和满意度。

多模态结合:综合主观和客观数据,如将眼动追踪与情感问卷结合起来,全面分析用户对视觉设计的感知与情感。

(三)应用案例

感知与情感测试在景观设计和室内设计领域的应用,能够深入揭示设计元素对用户体验的影响,从而促进设计优化。以下两个案例体现了感知与情感测试在这些领域的具体应用。

1. 唐家古镇景观设计评估

在唐家古镇[①]的景观设计评估中,研究者采用了眼动实验技术,探讨不同景观特征对游客视觉注意力和感知的影响。实验选取了多种景观类型,涵盖色彩丰富程度和新旧程度等变量。参与者在观看这些景观图片时,研究者记录了他们的注视时间和注视频率等眼动数据(图8.1)。结果显示,景观的色彩丰富程度和新旧程度显著影响了游客的视觉注意力和感知评价。具体而言,色彩丰富的景观影响了参与者的注视时间,新旧程度则影响了参与者的注视频率。这项研究为景观设计提供了实证依据,强调在设计过程中应重视色彩搭配和景观元素的新旧融合,以提升游客的视觉体验和满意度。

---

① 唐家古镇位于中国广东省珠海市,是一个历史悠久的文化古镇,以岭南传统建筑、骑楼街道和中西合璧的建筑风格而著称。作为珠海市重要的历史文化保护区,唐家古镇的景观设计备受关注。

图 8.1　12 组唐家古镇景观的注视点热力图及注视点轨迹图

从图 8.1 可总结出参与者观看景观的共同规律。热力图的颜色深浅表示参与者的注视时间长短与兴趣程度高低，颜色越深，表明参与者的注意力越集中，注视时间越长，感兴趣程度越高。结果显示，参与者的注视点主要集中于文字和色块区域。T1、T2、T3等热力图表明,若景观中存在牌匾和介绍牌,则参与者的注视点会更集中于这两类物品[49]。

2. 灯光设计中的情感测试

某酒店设计团队测试了不同灯光设置对房间氛围的情感影响。在实验中,参与者体验了暖光、冷光和中性光三种灯光场景,并通过问卷报告舒适感、温馨感和放松感的变化。结果显示,暖光能够显著提升空间的温馨感和舒适感,冷光则适合营造清新和现代感的氛围。这一结果帮助设计团队针对不同功能区(如客房与大堂)选择了合适的灯光配置。

(四)优势与局限性

感知与情感测试在实际应用中既有一定的优势,也有一定的局限性。感知与情感测试的优势如下:通过这一测试,可以让人们了解自己的感知能力、感官反应、情感反应模式和情绪管理能力,识别自己在情感智力方面的强项和弱点。感知与情感测试的局限性如下:感知与情感都比较主观,使得测试结果不够权威和全面。

(五)测试优化策略

在设计心理学研究中,感知与情感测试是揭示用户体验深层影响的重要方法。为了提高测试的准确性和科学性,研究者需要采用系统化的优化策略,以确保测试结果不仅具有较高的可信度,也能够在实际应用中提供有效的设计指导。以下是几种关键的测试优化策略,它们能够帮助研究者更精准地了解用户的感知反应和情感变化,从而为设计优化提供更具价值的依据。

1. 多层次数据融合:整合主观与客观数据,全面分析用户反应

感知与情感测试涉及多个层面的心理与生理数据,仅依赖单一维度的数据可能会导致分析结果片面或存在主观偏差。通过结合自述报告(主观反馈)、生理指标(如心率、脑电波、皮肤电反应)和行为数据(行动路径),研究者可以更全面地了解用户对设计的真实反应。例如,在用户界面(UI)设计测试中,受试者虽

然在主观上认为某个界面设计易于使用，但眼动数据却显示他们在某些元素上停留时间过长，说明该部分的交互存在潜在的认知负担。因此，整合不同层次的数据，能够全面分析用户的反应。

2. 场景化实验：模拟真实使用环境，提高数据现实相关性

传统的实验室测试虽然能够有效控制变量，但其环境往往与真实使用环境有所差异，导致测试结果的外部效度较低。因此，在可行的情况下，应尽可能在实际使用环境或高仿真情境下进行测试。例如，在进行智能家居设备的情感测试时，让受试者在真实的家庭环境中进行操作，而不是在实验室内单独测试某个设备的功能，这样能够更准确地反映用户在日常生活中的真实感受。近年来，虚拟现实（VR）和增强现实（AR）技术被广泛应用于测试优化，使用户能够在接近现实的虚拟环境中体验产品，从而提升测试的可靠性和应用价值。

3. 样本多样化：确保测试数据的普适性

为了使研究结果具备广泛的适用性，测试人群的构成应尽可能多样化。不同年龄、文化背景、专业领域、认知能力的人群可能对同一设计产生不同的情感反应。例如，在移动应用的可用性测试中，年轻用户可能习惯使用手势操作，而年长用户更倾向于传统的按钮交互。如果测试人群过于单一，最终的设计可能会偏向某一特定群体，而无法满足更广泛用户的需求。通过招募不同年龄、性别的受试者，研究者能够收集更具代表性的数据，确保测试结果能够反映真实用户群体的多样化需求。

4. 数据交叉验证：整合多模态数据，提升分析的可靠性

将多个数据源结合起来进行交叉验证，能够提高测试的准确性。例如，在驾驶模拟实验中，研究者可以同时记录驾驶者的心率变化、眼动数据和语音语调变化，以综合判断其压力水平。如果多个数据来源得出的结论一致，则说明结果更具可信度；如果数据之间存在差异，则需要深入分析不同数据来源可能导致偏差的因素，以确保结论的科学性。

感知与情感测试作为设计心理学的重要工具，能够帮助研究者从多维度揭示

设计对用户体验的深远影响。无论是在产品设计、空间布局还是数字界面优化中，该方法都能为设计提供科学支持，使其更加符合用户的心理需求。然而，由于测试过程涉及主观和客观数据的整合、实验环境的控制及数据分析的复杂性，研究者需要采取系统化的优化策略，如多层次数据融合、场景化实验、样本多样化和数据交叉验证，以确保研究结果的可靠性和普适性。未来，随着大数据和智能传感技术的发展，感知与情感测试将进一步提升其精准性和实用性，为设计研究提供更丰富的洞察，并在实践中发挥更大的价值。

第二节 调查研究法

一、问卷设计与数据分析

问卷调查是一种广泛应用于设计心理学的研究方法[47]，通过结构化的提问获取用户的主观反馈和需求信息。它能够在短时间内覆盖大规模的样本群体，为设计决策提供统计依据。通过科学的问卷设计与数据分析，设计师可以深入了解用户的偏好、行为模式及情感反应，为优化设计提供明确的方向。

问卷设计的首要任务是明确研究目标，以确保设计问题的针对性和有效性。例如，设计师在调查一款手机应用的用户体验时，可以将目标聚焦于界面易用性、功能实用性和整体满意度等方面。问卷问题需要围绕这些目标展开，避免模糊和多重含义的问题，确保用户能够准确理解。

问卷的类型可以分为开放式和封闭式两种。开放式问题能够收集用户的自由表达，如"您对这款应用最满意的地方是什么？"。这类问题虽然数据处理难度较大，但有助于发现用户的潜在需求。封闭式问题便于量化分析，如"您觉得这款应用好用吗？"。

问卷调查的实施需要注意样本的代表性和数据的完整性。在样本选择上，确保参与者的特征与目标用户群一致。例如，在测试一款教育类应用时，样本应包括不同年龄段和职业背景的教育相关用户。同时，通过在线问卷工具或面对面调查，尽量减少数据遗漏或不准确的回答。

数据分析是问卷调查的重要环节，其目的是从用户反馈中提取关键信息并揭示规律。定量数据的分析通常采用统计方法，如描述性统计用于总结数据分布规律，相关分析用于探索变量之间的关系。例如，通过相关分析可以发现，用户对界面美观性的评分可能与其对整体满意度的评分高度相关。定性数据的分析则需要归纳和分类，将用户的开放式回答归纳为关键主题和模式，为设计提供洞察。

在数据呈现方面，清晰的可视化图表能够帮助团队直观地了解分析结果。例如，饼图可以展示不同用户对某功能的满意度，条形图则适合比较多个功能的评分情况。通过数据可视化，设计师能够快速掌握用户需求的优先级，并根据分析结果调整设计策略。

问卷设计与数据分析的结合在设计心理学研究中发挥了重要作用。通过精心设计的问题和科学的分析方法，设计师不仅能够深入了解用户需求，还能够在定量数据的支持下作出明智的设计决策。然而，这一方法也有一定的局限性，其局限性在于用户可能提供社会期望式回答或对设计问题的理解不一致，因此在实施时需要结合其他研究方法，如观察法或实验法，以确保问卷结论的可靠性和实际应用价值。

二、质性研究与量化研究相结合

在设计心理学研究中，质性研究与量化研究的结合能够提供全面的用户洞察，弥补单一研究方法的不足。质性研究侧重于探索用户的深层需求和行为背后的动机，通过开放式数据揭示复杂的心理模式；量化研究则通过统计数据验证规律并提供精确的决策依据。两者结合能够实现从发现问题到解决问题的全流程覆盖。

质性研究以开放性和灵活性为特点，适用于初期探索。例如，在设计一个面向老年用户的智能设备时，质性研究可以通过访谈或观察来了解用户的操作习惯，挖掘他们对界面简化和语音功能的潜在需求。这些数据为量化研究提供了研究方向和假设框架。通过质性研究，设计师能够更贴近用户的实际问题，并将模糊的概念具体化为可测量的变量。

量化研究通过数据统计验证质性研究中的假设，并量化用户的需求和行为模式。例如，在了解老年用户对语音功能的需求后，设计师可以设计问卷或实验，以此了解这一功能的优先级和优化方向。量化数据能够回答如"多少比例的老年用户认为语音交互优于触控操作"或"在不同年龄段中语音功能的重要性是否有显著差异"等具体问题，为设计决策提供客观依据。

质性研究与量化研究的结合需要明确两者在研究过程中的顺序和作用。通常，质性研究用于发现问题并构建研究假设，而量化研究用于验证假设和推广结果。例如，在用户体验改进项目中，设计师首先通过质性访谈发现用户在使用产品时的情绪波动点，然后设计量化问卷来评估这些情绪波动点对人们整体满意度的影响。这种从探索到验证的路径能够确保研究结果的全面性和可靠性。

在实际操作中，质性数据和量化数据的整合分析是关键环节。例如，在设计一款健康监测设备时，质性研究可以揭示用户的关注点，如数据的实时反馈和隐私保护，量化研究则可以评估这些功能的重要性等级及用户对不同设计选项的偏好。通过数据的交叉分析，设计师可以发现隐藏其中的规律，如实时反馈对年轻用户的重要性显著高于老年用户，隐私保护则是用户群体的普遍关注点。这种整合的分析视角能够支持更精准的设计方案优化。

尽管质性研究与量化研究的结合带来了更多的洞察，但这种方法也面临着挑战。一方面，质性研究的数据复杂且主观性强，需要设计师具备高度的分析能力和敏锐的洞察力；另一方面，量化研究需要足够大的样本量和合理的统计方法，可能增加研究成本和时间。为此，研究团队需要在资源允许的情况下合理分配研究重点，确保质性和量化研究的互补性与协调性。

通过质性研究与量化研究的结合，设计心理学研究能够同时揭示用户行为的深层动机和宏观模式。这种方法不仅提升了研究的科学性，还能够为设计实践提供全面且有针对性的指导，帮助设计师在复杂的用户需求中找到平衡点并制定有效的解决方案。

第三节　案例研究法

一、典型项目的心理学分析方法

案例研究是设计心理学研究的重要环节，通过分析具体设计项目中的心理学应用，揭示研究方法如何影响设计决策，并为未来项目提供指导。典型项目的心理学分析方法包括对用户研究、行为建模、数据分析和情感评价等工具的综合运用[48]。这一方法在优化用户体验、增强设计效果及提升产品接受度方面起到了关键作用。

在实践中，对心理学分析方法的应用通常以用户研究为起点。通过访谈、观察和问卷调查等质性方法和量化方法，设计团队可以深入了解用户的需求和行为。例如，在某城市公共交通系统优化项目中，设计团队通过实地观察发现，用户在高峰期的排队行为混乱且影响效率。结合问卷调查，设计团队进一步明确了用户对快速指引和明确指示的强烈需求。

行为建模用于模拟用户在特定条件下的行为模式，为解决方案提供验证依据。在上述案例中，设计团队运用排队行为模型模拟了不同指引方式对人流分布的影响。结果表明，增加地面箭头和灯光引导能够有效减少拥堵现象。这一验证为后续设计实施提供了科学支持。

在数据分析阶段，设计团队通过用户反馈数据评估解决方案的可行性和效果。以实际安装的指引系统为例，设计团队采集了改造后高峰期的人流通行时间和用户满意度评分，之后加以分析，分析结果显示，人流通行时间平均减少了25%，用户满意度评分显著提高。这些数据验证了设计的有效性，同时为未来类似项目的改进提供了依据。

情感评价也是心理学分析方法的重要组成部分。通过情感化设计，设计团队能够增强用户对产品或空间的情感联结。例如，在某儿童医院的设计项目中，设计团队利用情感评价方法测试不同的空间布置对儿童情绪的影响。结果显示，色彩柔和的墙面设计和卡通形象装饰显著降低了儿童的焦虑感，提升了其就医体验。这一结果为医院的整体空间设计提供了重要参考。

典型项目的心理学分析方法不仅有助于解决实际问题，还能提出具有普适性的设计策略。例如，在公共交通和医疗场所的案例中，都体现了心理学研究对设计的指导作用，其为设计心理学研究提供了深刻的启示，也为未来设计项目的优化奠定了基础。

通过对典型项目的分析，设计心理学的理论与实践得到了有机结合。心理学分析方法能帮助设计师更深入地理解用户需求、优化设计决策。这种方法的应用不仅提升了设计的功能性和用户满意度,还为设计领域的持续创新提供了广阔的空间。

二、案例分析的步骤

案例分析在设计心理学中是一项关键的研究方法,它不仅能够深入挖掘特定设计项目中的心理学原理,还能为实际设计决策提供有力支持。通过系统化的步骤,设计师能够发现用户体验中的问题,并提出切实可行的解决方案。以下将结合购物中心用户体验优化的案例详细阐述案例分析的核心步骤。

(一)确定研究目标

案例分析的首要步骤是确定研究目标。在实际设计研究中,清晰的研究目标能够使人们明确分析方向。例如,在购物中心用户体验优化的研究项目中,研究团队可能设定以下目标。

(1)分析用户在购物中心内的行为模式,找出影响用户停留时间的关键因素。

(2)评估购物中心的空间布局、服务设施和氛围,以提升用户的舒适度和购物意愿。

(3)制定优化购物中心体验的具体设计策略,如改善休息区布局、调整动线规划等。

确定研究目标后,研究团队可以围绕这些目标制定数据收集和分析的具体方案。

(二)数据收集

在数据收集阶段,研究团队需要收集定量数据与定性数据,以确保研究结果既具有客观性,又能反映用户的真实感受。以下是主要的数据收集方法及其在购物中心案例中的应用。

1.观察法

研究团队可通过视频监控或现场观察来收集用户的行走路径、停留时间、购物频率等行为数据。例如,研究者发现某些区域(如休息区)的用户停留时间较短，而另一些区域（如食品广场）聚集了大量顾客，这意味着购物中心需要优化动线。

2. 问卷调查

研究团队可通过问卷调查来收集用户对购物中心环境氛围、空间布局、休息设施、标识系统等方面的满意度评分。例如，用户反馈"导视系统不清晰，容易迷路"或"购物中心的灯光偏向冷色调，缺乏温馨感"，这些信息有助于揭示用户的潜在痛点。

3. 访谈法

研究团队可通过与不同类型的用户（如单独逛街者、家庭顾客、商务人士）进行深度访谈来获取他们的主观反馈和隐性需求。例如，用户表示："购物中心的座椅设计过于坚硬，无法长时间休息。"这种反馈可用于优化休息区的家具设计。

在本案例中，研究团队在购物中心内设置了观察点和访谈站，并结合电子问卷和实时数据分析工具，以确保数据的全面性和准确性。

（三）数据分析

收集数据后，需要通过多维度的数据分析来揭示设计问题的核心。常用的数据分析方法有定量分析、定性分析和综合分析。

1. 定量分析

研究团队可通过数据统计工具（如 SPSS、Python）分析用户在不同区域的停留时间、访问频率等，以揭示用户的行为模式。例如，数据显示：用户在休息区的平均停留时间比预期低 30%，这意味着存在设计问题，如座椅不舒适、环境噪声过大等。

2. 定性分析

研究团队可采用主题分析法对访谈数据进行分类整理，并提取用户在购物中心氛围、标识系统、设施舒适度等方面的主观感受。例如，用户表示"某些区域灯光过亮，导致不适"，这提示设计师需要调整照明亮度或色温。

3.综合分析

研究团队可结合定量行为数据和定性心理数据深入挖掘问题的根本原因。例如，用户在休息区的停留时间少不仅与座椅舒适度有关，还可能受到动线布局、空间隐私感、周围噪声等因素的共同影响。对此，设计师可以调整座椅角度、增加绿植隔断或优化动线。

（四）优化设计方案

研究团队可通过数据驱动的方式优化设计方案，提升用户体验。优化后的设计方案如下。

1.优化休息区设计

采用人体工学椅提高舒适度，设置柔和的环境光线，以营造放松的氛围。在部分区域增加半封闭式隔断，提供更具私密性的空间，从而提升用户的停留意愿。

2.改善动线规划

通过用户流动热力图分析人流高峰区域，并优化商铺和服务设施的布局，使购物者能够更高效地找到目标店铺。在关键路口设置更清晰的导视系统，降低迷路率，提高整体购物体验。

3.增加情感化设计

调整照明设计，在不同区域采用不同的色调，如在休息区使用暖光，在主要通道和展示区域使用中性光，提高空间的层次感。在电梯口、休息区等区域增加互动式数字屏幕，为用户提供娱乐、信息查询等功能，提高用户的沉浸感和参与度。

（五）实施与测试

研究团队可将优化后的设计方案应用于实际环境，并通过实验或试点测试验证其有效性。在这一阶段，研究者需要采取对比法，以确保结果的科学性和可推广性。

1. 设计试点测试

为了评估新的休息区设计对用户体验的影响,研究团队在购物中心的部分区域实施优化方案,同时将另一部分区域作为对照组。优化区域的调整如下。

(1)座椅优化:引入符合人体工程学的软垫座椅,提高舒适性。

(2)照明调整:采用更柔和的暖光,减轻视觉疲劳。

(3)环境优化:增加绿植和半封闭式隔断,提升私密感,营造放松的氛围。

2. 数据收集与评估

在此阶段,研究团队采用行为数据分析和用户反馈评估相结合的方法量化优化方案对用户体验的影响。其主要内容体现在以下方面。

(1)记录停留时间:利用视频监控与人流追踪技术,记录用户在休息区的停留时间,并与对照组数据进行对比分析。

(2)问卷调查:重新收集用户对休息区环境舒适度的满意度评分,分析用户主观体验的变化。

(3)访谈反馈:选取部分用户进行深度访谈,了解他们对优化设计的具体感受。

3. 得出测试结果

测试结果显示,相较于原始设计,用户在优化后的休息区的体验得到了明显提升。其主要内容体现在以下方面。

(1)停留时间提升:用户在优化区域的平均停留时间提高了40%,这表明用户更愿意在优化区域停留和休息。

(2)满意度提升:用户对环境舒适度的评分从3.8分增长至4.5分(满分5分),这表明其满意度显著提升。

(3)情感反馈:访谈数据显示,用户普遍认为新的座椅更加舒适,环境更放松,能够有效缓解购物疲劳。

这一测试结果为设计方案的全面推广提供了可靠的依据,体现了优化设计在实际应用中的有效性。

(六)总结与反思

案例分析的最终阶段不仅要总结研究成果,还要反思优化过程中的不足,并提出未来改进方向,以推动设计方法进一步完善。

1. 提炼成功经验

在本次测试中,研究团队发现一些关键的设计因素对用户体验具有显著影响。其具体内容如下。

(1)照明环境对人们舒适度的影响。研究数据表明,柔和的暖光能够有效缓解用户的视觉疲劳,营造空间的放松氛围。这一发现可用于优化其他公共空间(如机场休息区、办公空间等)的照明设计。

(2)座椅舒适性对空间使用率的影响。采用更符合人体工程学的座椅设计,使得用户在休息区的停留时间提高了40%,这说明座椅舒适度对空间使用率具有直接影响。

2. 识别不足之处

尽管优化方案在整体上提升了用户体验,但仍然存在一些需要改进的地方。

(1)隐私隔断的平衡问题。一些受访者反馈,部分隐私隔断在提供安全感的同时,影响了用户的视线,使用户在观察周围环境时略显局促。未来设计需要在私密性和开放性之间找到平衡点,避免影响用户的空间感知。

(2)环境氛围的个性化需求。部分用户希望休息区能提供更多类型的座椅,如单人座位、多人座位等,以满足其社交和独处需求。这说明个性化的空间设计在未来优化中应当被纳入考虑范围。

3. 未来改进方向

基于以上研究成果,未来可以进一步优化和改善设计策略。

(1)将优化策略应用到其他场景。例如,在餐饮区、儿童游乐区和社交空间等不同区域尝试类似的优化设计,探索不同场景下的用户行为模式,以形成更加全面的优化体系。

(2)结合智能技术进行个性化优化。未来可以引入智能感应技术(如光感应调节、个性化座椅调节等），根据用户的实时需求自动调整环境参数，提高空间的灵活性和适应性。

（3）长期数据追踪，优化设计决策。通过长期数据跟踪，持续监测优化方案的效果，发现潜在问题，并在后续迭代中进行改进。

课后思考与实践

1. 针对一个公共空间（如候机厅或图书馆），设计一套感知与情感测试方案，包括用户的主观问卷、行为观察和生理数据收集，分析测试数据对空间设计优化的指导作用。

2. 针对城市公园的用户体验优化，首先通过质性访谈收集用户对设施和布局的意见，随后通过设计量化问卷验证发现的问题和优化建议，并提出改进方案。

3. 针对一个设计项目（如博物馆展览设计或购物中心环境设计），运用本章的案例分析步骤，了解项目的心理学研究价值和实践效果。

第九章 案例分析

　　本章通过分析国内外典型设计案例，探讨了心理学在设计中的应用，旨在帮助读者了解设计心理学如何通过满足用户的心理需求，优化空间布局、美学表达和用户体验，从而实现设计的功能性与情感价值的平衡。

　　对于设计师而言，学习本章内容有助于提升其专业能力。设计师通过借鉴经典案例中的成功经验，能够更精准地理解用户需求，运用心理学方法解决实际问题，同时提高自身在数据分析、用户研究和情感化设计方面的能力。本章将心理学理论与实践紧密结合，为设计师提供了理论指导和实践机会，助力其在未来项目中创造更人性化、更具创新性的设计成果。

第一节 国内外景点环境设计案例解析

一、城市公共空间设计案例

城市公共空间是市民日常生活的重要组成部分,其设计需要注重功能性、美观性和社会性。通过对经典案例的分析,可以深入探讨心理学在城市公共空间设计中的应用,为未来设计提供参考。以下从国内外两个经典案例展开分析。

(一)案例一:北京三里屯太古里

北京三里屯太古里(图9.1)是一个具有商业、文化与社交功能的城市公共空间,其成功之处在于对用户行为与心理需求的深入理解和巧妙设计。

图9.1 北京三里屯太古里

1. 空间布局与心理引导

太古里采用开放式街区布局,打破传统商场的封闭结构,将空间融入城市肌理。设计师通过错落有致的建筑布局和多样化的动线设计,鼓励用户在各个区域之间自由穿梭。这种开放性布局不仅提高了空间的通达性,还为用户提供了探索的乐趣,增强了用户对场所的心理归属感。

2. 社交与休憩区域

太古里广场和户外休息区的设计体现了对用户社交心理的关注。太古里特意设置了大面积的公共座椅、绿植和遮阳设施，营造了舒适的社交氛围。此外，地面艺术装置和定期举办的文化活动吸引了多样化的用户群体，使其成为市民的社交场所。研究表明，这种注重用户社交体验的设计极大地提升了空间的吸引力和用户黏性。

3. 情感化设计与视觉记忆点

设计师通过在建筑外立面和广场中融入艺术化元素（如灯光装置、互动雕塑等），为空间增添独特的视觉记忆点。例如，彩色玻璃幕墙的使用为场地带来了活力，同时成为用户拍照打卡的地点。这种情感化设计加强了用户与空间的情感联结，提升了品牌影响力。

（二）案例二：纽约高线公园

纽约高线公园（图9.2）是一座由废弃铁路改造而成的城市公园，其设计成功地将历史保护、生态修复和社会互动结合在一起，成为全球城市公共空间设计的典范。

图9.2 纽约高线公园

1. 空间转化与场地精神

高线公园保留了原有铁路的结构和轨道,通过植被和步道的设计,将工业遗产转化为生态空间。这种设计延续了场地的历史记忆,同时通过自然元素的融入提升了用户的心理舒适感。

2. 多样化的活动空间

高线公园内设置了观景平台、表演场地和儿童互动区(图9.3),满足了不同人群的活动需求。例如,设计团队在多个区域设置了"慢步道",通过步道的宽窄变化和观景视角的调整,引导用户放慢脚步,感受城市景观。这种空间节奏的设计显著增强了用户的沉浸感。

图9.3　纽约高线公园的儿童游戏区

3. 生态与心理效应

高线公园的植被设计(图9.4)采用了本地物种和自然生长的风格,创造了独特的生态景观。研究显示,这种"野性美"的景观不仅降低了城市的热岛效应,还能够缓解用户的心理压力,激发用户对自然的积极情感。在用户调查中,有超过80%的访客表示,公园的自然环境让他们感到放松和平静。

第九章　案例分析

图 9.4　纽约高线公园的植被设计

案例启示：北京三里屯太古里和纽约高线公园的设计都体现了对用户心理需求的精准把握，包括对开放性、社交性和情感化设计的关注。通过细致的用户研究，设计师能够为城市公共空间注入更多的人文关怀。这两个案例在满足功能性需求的同时，通过独特的视觉设计和生态元素提升了空间的美学价值。这种功能与美学的平衡为用户带来了身心愉悦的双重体验。太古里通过商业与社交的结合为城市生活增添了活力，高线公园通过生态修复和文化活动重塑了城市公共空间的社会属性。这两者都展示了公共空间如何成为推动社会互动和文化传播的载体。

二、住宅设计案例

住宅设计是与用户日常生活密切相关的领域，其目标不仅在于满足基本的居住需求，还要通过空间布局、材料选择、光线设计等方式营造舒适、安全、满足心理需求的生活环境。以下通过分析国内外两个经典住宅设计案例来探讨心理学在住宅设计中的应用。

（一）案例一：日本无印良品的极简住宅设计

无印良品（MUJI）的住宅设计以极简风格著称（图9.5），注重空间的功能性与居住者心理舒适感的结合，其设计理念深受环境心理学和用户行为研究的影响。

（a）

（b）

图9.5　日本无印良品的极简住宅设计

1. 功能分区与动线优化

MUJI住宅以简洁、高效的空间布局为核心，通过明确的功能分区和优化的动线设计，提高空间利用率。例如，客厅、厨房和餐厅采用开放式设计，消除传统墙体的阻隔，鼓励家庭成员间互动；同时，将储物空间嵌入墙体，降低视觉杂乱感，为用户营造宽敞明亮的居住环境。

2. 材质与情感联结

设计师选用天然木材和柔和色调的材料（图9.6），营造温暖、放松的居家氛围。例如，地板和家具多采用浅色木材，赋予空间自然和谐的质感。这种材质的选择符合环境心理学关于自然元素对人类心理舒缓作用的研究，使用户感受到归属感和安全感。

图 9.6　日本无印良品的材质选择

3. 灵活性与心理控制感

MUJI 住宅强调模块化和灵活性设计，用户可以根据自身需求调整空间布局。例如，滑动隔断墙的设置允许用户将房间重新分隔为多个独立区域或开放空间（图 9.7）。这种灵活性增强了用户对居住环境的心理控制感，提升了居住满意度。

图 9.7　日本无印良品滑动隔断墙的设计

（二）案例二：荷兰阿姆斯特丹 Borneo Sporenburg 住宅区

Borneo Sporenburg[①]是荷兰一处低密度、高质量的住宅区，其设计理念注重空间的个性化与社区归属感，成为住宅心理学的成功实践案例。

1. 个性化与心理归属感

Borneo Sporenburg住宅区（图9.8）以"每栋房屋都独一无二"为核心理念，鼓励业主与建筑师共同参与设计，实现高度个性化的住宅设计。每户住宅在窗户形状、外墙材质、楼梯布局等方面都展现出鲜明的个性化特征。这种设计满足了用户的独特性需求，增强了用户对住宅的心理归属感。

图9.8　荷兰阿姆斯特丹 Borneo Sporenburg 住宅区

2. 开放空间与邻里互动

Borneo Sporenburg住宅区设置了大量公共绿地和开放空间，如社区花园和步道，鼓励邻里间交流与互动。社区花园（图9.9）不仅是居民的共享空间，还设有儿童游戏区和休闲座椅，满足了不同年龄段用户的需求。这种设计促进了社区成员的社会联系，增强了其对社区的认同感。

---

① Borneo Sporenburg是荷兰阿姆斯特丹东部港区（Eastern Docklands）的住宅开发项目，由荷兰建筑事务所West 8设计。该项目通过低密度、高质量的住宅规划，在高密度城市环境中创造了个性化的居住体验。其设计采用多样化的住宅立面、私密庭院和公共开放空间，鼓励居民之间互动，同时满足不同家庭的个性化需求。Borneo Sporenburg被认为是住宅心理学与城市更新相结合的成功案例，展示了如何在现代都市环境中平衡个体私密性与社区凝聚力。

图 9.9　荷兰阿姆斯特丹 Borneo Sporenburg 住宅区的社区花园

3. 光线设计与情绪调节

设计师通过大面积的落地窗和天窗设计（图 9.10），引入充足的自然光线，减少了用户对人工照明的依赖。研究表明，自然光能够调节用户的情绪，缓解其压力，提高其幸福感。居民普遍反馈，大量自然光的引入使住宅显得明亮通透，同时提升了生活质量。

图 9.10　荷兰阿姆斯特丹 Borneo Sporenburg 住宅区的落地窗和天窗设计

案例启示：MUJI 住宅强调功能性与心理舒适感的结合，而 Borneo Sporenburg 住宅区通过个性化设计满足用户的情感需求。这表明住宅设计不仅需要关注功能性，还应融入心理学视角，满足用户的情感、社会和认同需求。

这两个案例都展现了自然材料与光线在住宅设计中的重要作用。天然材质和自然光线能够有效调节用户情绪，营造更健康的居住环境。MUJI 住宅的模块化设计和 Borneo Sporenburg 的个性化住宅设计体现了灵活性的重要性。这种灵活性不仅提升了空间利用率，还提高了用户的心理控制感和居住满意度。Borneo Sporenburg 通过对开放空间的规划，增强了居民的社交联系，为现代住宅区提供了新思路。未来的住宅设计可以更多关注住宅的社交属性，为用户创造更具互动性和归属感的生活环境。

第二节 不同设计风格的心理学分析

一、现代主义与用户体验

现代主义设计风格以功能主义和简洁性为核心，其发展受到工业化和现代社会需求的深刻影响。现代主义强调"形式追随功能"，在设计中追求空间的高效利用、装饰的极简表达，以及对材料与技术的直接呈现。这种风格在环境设计、建筑设计和室内设计中广泛应用，对用户心理产生了多重影响。

现代主义设计注重功能性，通过简洁的布局和清晰的动线提高用户的行为效率。例如，开放式平面布局在现代建筑和室内设计中广泛应用，通过减少不必要的隔断，为用户提供更流畅的空间使用体验。研究表明，功能性强的设计能够提高空间的利用率和便利性。

案例：德国包豪斯学校

包豪斯[①]学校的建筑设计充分体现了现代主义的功能性原则（图 9.11）。其教

[①] 包豪斯（Bauhaus）是 20 世纪最具影响力的现代主义设计与建筑学院，于 1919 年在德国魏玛由沃尔特·格罗皮乌斯（Walter Gropius）创立。其建筑设计强调形式追随功能（form follows function）这一现代主义原则，追求空间高效性、动线优化和简洁美学。

室和工作坊的布局均以最短路径和最小干扰为标准，方便师生在空间内高效流动。这种设计提升了学生学习的效率，同时通过简洁的线条和明快的材料，降低了空间带来的压迫感。

图 9.11　德国包豪斯学校

德绍新校舍将教学区、工作坊和生活区有机结合，以"最短路径和最小干扰"为设计标准。教学楼与车间通过天桥直接相连，学生从理论课程学习场所前往实践操作的工作坊无须绕路，大幅缩短了行程时间，有效减少了不同功能区之间的转换障碍。例如，在金属工艺课程结束后，学生能迅速通过便捷通道进入金属加工车间开展实践活动，这极大地提升了其学习与工作的连贯性和效率，减轻了其在空间移动时的心理负担。

德绍新校舍在建筑外观与内部空间设计上运用了简洁的线条和明快的材料，营造出开阔、明亮的空间氛围。其外墙采用大面积玻璃，引入充足的自然光线，使室内空间明亮通透，缓解封闭空间带来的压抑感；内部装修以白色墙面、原色金属和木质结构为主，摒弃复杂的装饰元素，这种简洁的设计风格能避免视觉上的杂乱无章，让使用者产生轻松、舒适的心理感受。例如，在公共休息区域，简洁的桌椅搭配明亮的灯光，为师生提供了一个放松身心的场所，符合人们对简洁、有序环境的心理偏好。

德绍新校舍设计了多个开放式公共空间，如宽敞的走廊和中庭。走廊不仅是交通通道，还设置了展示区和交流区域，师生在日常走动过程中能够自然地交流学术想法，展示自己的作品。中庭作为学校的核心公共空间，举办各类集会、展览等活动，为师生提供了广阔的交流平台。这种开放式空间设计打破了传统建筑中封闭空间的隔阂，促进了师生之间的社交互动，满足了人们的社交需求。

现代主义设计的极简表达能够减轻用户的视觉负担，为用户创造心理舒适的环境。去除冗余装饰的设计风格让空间显得更加清爽，同时强化了设计元素本身的存在感。研究表明，极简设计风格能够让用户的注意力聚焦于功能使用和空间体验上，减少多余刺激带来的干扰。

案例：HAY家居产品中的简约设计

作为来自丹麦的家居品牌，HAY凭借大胆的色彩运用、简洁的线条设计，以及对现代生活的深刻理解，迅速在国际家居市场上占据一席之地，为消费者打造出兼具时尚感与实用性的居住空间。以HAY的Panton Chair复刻版及配套边桌组合为例，它们拥有流畅且极具辨识度的线条、鲜明而不失协调的色彩搭配，既能轻松融入各类装修风格，又能成为空间中的视觉焦点。同时，边桌的尺寸设计比较巧妙，其高度和面积适合人们日常使用，极大地方便了人们的生活。

在材料选择上，HAY巧妙融合了多种材质，践行了现代设计理念。该品牌在许多座椅产品中采用了织物面料，这一面料触感柔软、透气性佳，不仅给人带来舒适的使用体验，而且织物丰富的纹理和色彩能为家居空间增添温馨感。在部分家居框架结构上，HAY选用金属材质，凭借金属较高的强度和耐用性，保证产品的稳固，其光泽与质感也为家居注入现代时尚气息。此外，HAY将塑料运用在部分创意家居单品中，借助塑料可塑性强、成本低的特点，实现多样化的创意设计，丰富消费者的选择，使产品在保持时尚外观的同时，更具性价比。

案例：巴西里约热内卢博萨诺瓦文化中心[①]

博萨诺瓦文化中心使用了大量玻璃和钢材（图9.12），形成了开放、通透的视觉效果。用户在内部空间中能够通过透明墙面观赏城市风景，感受到与外界环境

---

① 博萨诺瓦文化中心（Bossa Nova Mall & Cultural Center）位于巴西里约热内卢，是一座集商业、文化和社交活动于一体的现代建筑。

的连接。同时，钢材的使用传递了一种简洁、工业化的美感，符合现代主义风格的心理特征。

图 9.12　巴西里约热内卢博萨诺瓦文化中心

现代主义设计强调空间的开放性与灵活性，提高了用户的心理自由度。开放的空间布局引导用户自主定义活动区域，增强了空间的适应性与使用场景的多样化。例如，现代主义风格的多功能客厅可以同时举办社交、娱乐和休息活动，满足不同用户的需求。

案例：字节跳动开放式办公空间设计

字节跳动作为一家极具创新活力的科技公司，其办公空间广泛采用现代主义开放式设计（图 9.13），摒弃了传统的隔断和固定工位布局，为员工打造出自由、高效的办公环境。走进字节跳动的办公区，映入眼帘的是宽敞开阔的空间，一排排办公桌整齐排列，它们之间没有高耸的隔断，让员工视线无阻。

图 9.13　字节跳动的办公空间设计

字节跳动的内容运营团队在这样的开放式环境中能够随时交流各自负责板块的信息。当策划重大活动时,不同小组的成员可以围坐在一起,快速交换想法,随时提出创意和建议,有效缩短了项目讨论和决策的时间。当攻克技术难题时,工程师不用奔波于各个办公室,就能轻松地与身边的同事进行代码思路交流,极大地提升了解决问题的效率。

众多员工反馈,开放式设计让他们在工作中感受到强烈的自由感。在字节跳动的办公空间里,大家能自由走动,随时与不同岗位的同事互动。这种心理上的自由显著激发了员工的创造力。许多员工表示,在这样的环境下,新想法和新点子层出不穷,工作满意度也大幅提升。这种开放式设计不仅让团队协作更加顺畅,还在无形之中增强了员工的归属感和凝聚力,有力地推动了公司业务的持续发展。

从图 9.13 中不难发现,办公空间的布局和氛围对员工的心理状态、工作效率及团队协作具有重要影响。

在探讨设计心理学的过程中,现代主义设计作为一种经典的设计风格,因其简洁与功能性而受到广泛关注。然而,这种设计风格在提升用户体验的同时,不可避免地存在一些心理学上的局限性。

下面主要介绍现代主义设计的优势和局限。

从优势来看，设计的简洁和功能性不仅能减轻用户的认知负担，还能通过灵活开放的空间提升用户的心理自由度，增强用户的适应性和舒适感。然而，这种极简风格也存在一些问题，如可能会使人们产生冷漠感和情感联结缺失，尤其在过于强调功能性和冷硬材料的情况下，会让空间显得缺乏温馨感。

现代主义设计通过功能性、高效性和极简美学为用户提供了独特的空间体验。它的设计原则体现了现代社会对效率和理性美的追求，但在应用中需要平衡功能性与情感化设计，以避免用户产生冷漠感。未来，设计师可以在现代主义风格中融入更多的情感化元素，使其在满足功能需求的同时，进一步提升用户的心理舒适度。

二、传统文化与心理认同

传统文化在设计中的融入不仅是对文化遗产的延续，更是与用户心理认同建立深度联系的重要手段。通过对传统文化符号、审美理念和空间意象的创造性运用，设计能够增强用户的文化归属感和情感共鸣。这种文化与心理的双向连接使设计具有一定的情感价值和社会意义。

（一）文化符号与心理连接

传统文化中的符号具有高度的象征性和传承意义，能够通过视觉呈现唤起用户的文化记忆。例如，中国传统建筑中的斗拱和窗花、日本庭院中的石灯笼与砂纹设计在视觉上强化了文化特色，在心理上增强了用户的文化归属感。

案例：成都宽窄巷子商业区设计

成都宽窄巷子商业区凭借独特设计（图9.14），实现历史文化与现代商业的有机融合，从多个维度满足消费者的心理需求，堪称城市文旅商业空间设计的范例。当游客踏入宽窄巷子，就会发现古朴的木质窗花雕刻着寓意吉祥的花鸟鱼虫、蕴含故事的人物场景，精湛的工艺和独特的纹样不仅承载着先辈的生活智慧，更勾起游客对川西民俗文化的记忆，引发强烈的情感共鸣，使游客瞬间沉浸于历史文化氛围之中。层层叠叠的青瓦屋顶在阳光的映照下，与灰砖墙面相互映衬，营造出古朴而宁静的氛围，在视觉上给人以舒适的感觉，能缓解游客的心理压力。

图 9.14　成都宽窄巷子商业区设计

在功能布局上,宽窄巷子巧妙地将传统建筑元素与现代商业设施相结合。售卖特色小吃的店铺采用透明玻璃橱窗,食客能直观看到美食的制作过程,这极大地激发了游客的消费欲望。配备多媒体展示设备的文创店借助科技手段生动呈现宽窄巷子的历史变迁,满足游客的好奇心。在宽窄巷子漫步,游客既能感受到古色古香的街巷带来的文化熏陶,体会先辈的生活智慧,又能享受到现代商业带来的优质服务。这种设计有效满足了游客对历史文化体验的心理诉求,同时满足了其对现代生活便利性的实际需求。正因如此,宽窄巷子吸引了大量游客前来观光消费,成为城市文旅融合发展的标杆。

传统文化中的审美理念是设计与心理认同的重要桥梁。例如,中国文化推崇"天人合一"的理念,通过自然元素的引入,营造和谐与宁静的空间氛围。在这种环境下,用户容易产生放松感和归属感。

案例:苏州博物馆的传统美学运用

苏州博物馆(图 9.15)由贝聿铭操刀设计,是传统美学与现代功能深度融合的经典之作,在设计上高度契合设计心理学理论。当参观者踏入苏州博物馆,率先进入视野的是错落有致的白墙灰瓦建筑,其简洁流畅的线条不仅体现了现代审美对简约的追求,更与江南水乡温婉灵秀的气质相呼应,勾起人们对江南文化的记忆，引发强烈的情感共鸣。

图 9.15　苏州博物馆

　　进入馆内，清澈的水景与摇曳的翠竹构成一幅动静相宜的画面。波光粼粼的水面倒映着岸边的粉墙黛瓦与翠竹，营造出宁静悠远的氛围，有效缓解了参观者的心理压力，使其产生轻松愉悦的感受。自然景观与建筑相互映衬，构建起层次丰富的庭院空间，还与周边的苏州园林巧妙融合，模糊了博物馆与园林的边界，让参观者获得沉浸式的空间体验。

　　从功能层面来看，苏州博物馆在满足展览、收藏等基本需求的同时，借助传统文化元素，赋予空间深厚的文化内涵。参观者通过欣赏苏州博物馆的一草一木、一砖一瓦，将抽象的地域文化具象化，并且深切感受到文化与自然的融合。这种体验极大地增强了参观者对地域文化的情感归属感，满足了其在文化认同与情感体验方面的心理需求。正因如此，苏州博物馆吸引了大量游客，成为传统美学与现代建筑完美结合的典范。

　　空间意象是传统文化在设计中的核心表达，通过对历史空间或文化意象的重构，用户能够产生熟悉感和心理认同。例如，仿古建筑群或具有历史意义的城市更新项目往往通过再现传统空间意象与用户建立情感联结。

（二）文化心理认同的设计案例

南京老门东历史文化街区在规划与建设过程中积极践行符号化设计理念，将南京的历史文化元素巧妙融入现代商业空间，成功打造出承载城市记忆、彰显地域特色的文旅胜地，增强了游客对南京文化的认同感。

老门东历史文化街区的建筑以明清时期的风格为蓝本，马头墙、雕花门楼等极具南京特色的建筑符号随处可见。在街区入口处，一座巍峨的雕花门楼矗立于此，其精美的砖雕工艺展现出历史故事和吉祥图案，瞬间让游客领略到南京深厚的历史底蕴。沿着街区前行，高低错落的马头墙层层叠叠，其独特的轮廓线成为南京传统建筑的标志性符号。商家巧妙利用这些建筑元素设计出风格统一又各具特色的店铺外观，如一家书店将马头墙元素融入店面设计，使得古朴的韵味与书店的文化氛围相得益彰。

此外，还有一些商家将南京的书法文化和民俗元素融入招牌设计。例如，一家鸭血粉丝汤店的招牌采用古朴的楷书字体书写店名，字体庄重又富有韵味，彰显出老字号的底蕴。有一些文创店则将云锦图案、秦淮花灯等南京特色文化符号运用到招牌设计中。例如，一家文创店的招牌以秦淮花灯的造型为蓝本，搭配灵动的线条和鲜艳的色彩，不仅极具辨识度，还生动展现出南京独特的民俗文化，吸引了大量游客驻足欣赏。

走进老门东的店铺，传统装饰元素无处不在。部分茶馆采用榫卯结构打造隔断，不仅实现了空间的合理划分，还体现了中国传统木工技艺的精妙。墙上悬挂的金陵折扇，其扇面绘制着南京的山水风光与历史典故，让游客在品茶的同时，感受到南京的文化魅力。此外，一些小吃店内张贴着反映南京市井生活的老照片，这些照片唤起游客对南京往昔生活的记忆。

1. 情境化体验案例

西安大唐不夜城作为展现盛唐文化的文旅胜地，其餐饮街区巧妙采用了情境化设计策略，打造出沉浸式的唐朝用餐场景，让顾客在品尝美食的同时，深刻感受唐朝文化的独特魅力，从而增强文化认同感。

街区内的"唐韵食府"在空间布局上独具匠心，参照唐朝宫廷建筑风格进行设计。一踏入餐厅，映入眼帘的是雕梁画栋，木质结构的亭台楼阁式包间错落有致。其天花板上绘制着精美的飞天壁画，墙壁上悬挂着唐朝仕女图，仿佛让人穿越回盛世大唐。餐厅中央设有一方舞台，定时呈现霓裳羽衣舞等唐朝乐舞表演，顾客在用餐时能够近距离欣赏精彩的演出，沉浸在浓郁的唐朝文化氛围之中。

"唐韵食府"在装饰细节上也下足了功夫。例如，餐桌上摆放的餐具均采用仿唐三彩工艺制作，色彩鲜艳、造型精美；菜单则设计成唐朝竹简的样式，菜品名称富有诗意，如"贵妃荔枝酥""长安胡饼"等，让顾客在点菜过程中感受到唐朝饮食文化的独特韵味。此外，餐厅内还陈列着编钟、排箫等唐朝传统乐器，这样不仅增添了文化气息，也为顾客营造出浓厚的视听氛围。

餐厅在灯光和音效方面也进行了精心设计。暖黄色的灯光模拟烛光效果，营造出温馨、浪漫的氛围。同时，播放着《秦王破阵乐》等唐朝经典曲目，让顾客仿佛置身于唐朝的宫廷宴会之中。在一些特定节日，餐厅还会举办上元灯会等主题活动，通过悬挂花灯、猜灯谜等互动环节，进一步增强顾客的参与感和体验感。

2. 交互化表达案例

苏州丝绸博物馆作为国内第一座丝绸专业博物馆，借助交互化设计构建起参观者与丝绸文化的深度对话场景，有效提升了大众对传统丝绸文化的认同感，是博物馆领域应用互动设计的成功典型。

苏州丝绸博物馆专门开辟了传统缫丝、织绸体验区。在缫丝体验环节，参观者能亲手操作传统缫丝机，将蚕茧抽丝剥茧，直观感受从蚕茧到丝线的神奇转变。在此环节中，技术师傅会在现场指导，并讲解缫丝的技巧与历史变迁。在织绸体验区，参观者可操作传统织机，织造简单的丝绸纹样。在这一过程中，参观者通过亲身体验，理解丝绸生产工艺的复杂性，感受先辈的智慧，领悟丝绸文化的深厚底蕴。

苏州丝绸博物馆运用数字化手段打造了沉浸式互动展区。在丝绸文化数字长廊，参观者通过触摸互动屏幕，不仅能观看丝绸从起源到现代的发展历程，还能深入了解丝绸之路的贸易路线，以及丝绸在不同历史时期的文化价值。以苏州宋锦为例，通过3D建模技术，参观者能360度欣赏宋锦复杂的组织结构和精美的纹样，如八答晕锦、天华锦等。相较于以往展板式的介绍，数字化互动极大地满足了参观者的好奇心，突破了时间和空间的限制，激发了他们对丝绸文化的浓厚兴趣，增强了其对传统文化的认同感。

苏州丝绸博物馆会定期举办各类主题文化活动，如"蚕桑文化节"。节日期间，博物馆会举办蚕宝宝养殖亲子活动，让家长和孩子共同体验养蚕的全过程，了解蚕的生长周期，以及蚕桑产业对丝绸文化的重要意义。同时，博物馆会开展丝绸扎染、刺绣工作坊，邀请非遗传承人到来，传授扎染和刺绣技巧。参与者能亲手制作独一无二的丝绸制品，如手帕、围巾等。这些互动活动营造了浓厚的文化氛围，使参观者在参与过程中获得了情感满足，拉近了与丝绸文化的距离，增强了对传统文化的归属感。

（三）心理认同与社会意义

将传统文化融入设计，不仅在提升用户心理认同感方面发挥了显著作用，还具有更深层次的社会意义。它通过设计语言将传统文化的精髓展现在现代生活中，既帮助用户在日常体验中获得文化归属感，也成为传承与弘扬本土文化的重要途径。在全球化背景下，传统文化是一个地区乃至一个国家文化身份的象征，而将其融入设计，不仅可以抵御文化的同质化趋势，还能凸显地域文化的多样性，形成独特的文化标签。

此外，传统文化元素的创新性运用还为文化创意产业注入了新的活力。在产品设计、建筑设计和品牌建设等领域，融入传统文化的设计能够赋予产品或空间更高的附加值，吸引更多关注，同时扩大地域文化的传播范围与影响力。例如，将传统文化融入旅游商品、城市地标设计或主题展览，不仅能够促进文化资源的转化与再创造，还能带动相关产业链的发展，为区域经济和社会的可持续发展提供动力。

通过符号化表达、审美理念的融合和空间意象的创造，传统文化不再局限于静态的展示，而是被赋予了动态的生命力。优秀的设计能够将文化符号转化为一种与用户情感相通的语言，深刻地影响用户的认知和体验。在这种设计中，传统文化不仅成为视觉语言的一部分，更成为用户心理认同的重要来源。用户在这种设计的环境中不仅能够感受到传统文化的延续，还能通过设计作品中蕴含的情感价值重新认识和理解自身的文化身份，从而强化与文化的深度连接。

这种文化与心理的结合，使得设计不再停留在功能性和实用性的层面，而是成为传递情感与文化的重要媒介。它通过视觉美学和文化内涵之间的巧妙平衡，让用户在现代生活的快节奏中重新体味传统文化的深厚韵味。在这种设计策略的引领下，文化的延续和创新得以实现，设计本身也成为一种具有社会价值的文化载体。

参考文献

[1] BATRA R, SEIFERT C, BREI D.The psychology of design[J].Routledge, 2015(2040):2041.

[2] CARBON C C.Psychology of design[J].Design science, 2019(5):e26.

[3] SAARILUOMA P.User psychology of emotional interaction—usability,user experience and technology ethics[J].Emotions in technology design: from experience to ethics,2020:15–26.

[4] BRUNSWIK E.Perception and the representative design of psychological experiments[M]. New York: Univ of California Press,2023.

[5] ZHANG W,WANG M,ZHANG J,et al.The role of color psychology in interaction design[J]. Arts studies and criticism,2024(1):10–13.

[6] YANG Y.The influence of color psychology on interior design:a comprehensive exploration[D].New York:Pratt Institute,2024.

[7] Handbook of human factors and ergonomics[M].Hoboken:John Wiley & Sons, 2021.

[8] TOSI F.Design for ergonomics[M].Cham:Springer International Publishing, 2020.

[9] CLAXTON G .Cognitive psychology: new directions[M]. London:Taylor & Francis, 2025.

[10] NORMAN D A.Design for a better world: meaningful, sustainable, humanity centered[M]. Cambridge: MIT Press, 2023.

[11] SCURATI G W,BERTONI M,GRAZIOSI S,et al.Exploring the use of virtual reality to support environmentally sustainable behavior:a framework to design experiences[J]. Sustainability,2021,13(2):943.

[12] SURBAKTI R,UMBOB S E,PONG M,et al.Cognitive load theory:implications for instructional design in digital classrooms[J].International journal of educational narratives,2024,2(6):483–493.

[13] INGOLD T.The perception of the environment: essays on livelihood, dwelling and skill[M]. London: Routledge, 2021.

[14] YABLONSKI J. Laws of UX[M]. Sebastopol: O'Reilly Media, 2024.

[15] VAIDYA G,KALITA P C.Understanding emotions and their role in the design of products:an Integrative review[J].Archives of design research,2021,34(3):5–21.

[16] PALLASMAA J.The eyes of the skin:architecture and the senses[M].Hoboken:John Wiley & Sons,2024.

[17] WARE C.Information visualization: perception for design[M].San Francisco: Morgan Kaufmann, 2019.

[18] WOLFE J M,KLUENDER K R,LEVI D M,et al. Sensation & perception[M].Sunderland, MA:Sinauer,2006.

[19] ISHIKAWA T.Spatial thinking,cognitive mapping,and spatial awareness[J].Cognitive processing,2021,22(Suppl 1):89–96.

[20] NORMAN D .Thing that make us smart: defending human attributes in the age of the machine[M]. New York: Diversion Books, 2014.

[21] WANG Y, CHETTASURAT B, NITHIRATTAPAT K.Visualizing the emotional spectrum:emotions and lines in contemporary design practice[J].The international journal of visual design,2024, 18(2): 75.

[22] PAN Z, PAN H, ZHANG J. The application of graphic language personalized emotion in graphic design[J].Heliyon, 2024, 10(9): e30180.

[23] MURATBEKOVA M, SHAMOI P. Color–emotion associations in art: fuzzy approach[J]. IEEE access, 2024(12): 37937–37956.

[24] QU X, LIU Z, TAN P, et al.Artificial tactile perception smart finger for material identification based on triboelectric sensing[J].Science advances,2022,8(31):eabq2521.

[25] CARMONA M.Public places urban spaces: the dimensions of urban design[M].London: Routledge, 2021.

[26] LI W, MA S, LIU Y, et al. Environmental therapy: interface design strategies for color

graphics to assist navigational tasks in patients with visuospatial disorders through an analytic hierarchy process based on CIE color perception[J].Frontiers in psychology, 2024(15):1348023.

[27] VERMEIR I, WEIJTERS B, DE HOUWER J, et al. Environmentally sustainable food consumption: a review and research agenda from a goal–directed perspective[J].Frontiers in psychology, 2020(11):1603.

[28] DAMERIA C, AKBAR R, INDRADJATI P N, et al. A conceptual framework for understanding sense of place dimensions in the heritage context[J].Journal of regional and city planning, 2020, 31(2): 139–163.

[29] ASKARIZAD R, SAFARI II. The influence of social interactions on the behavioral patterns of the people in urban spaces (case study: the pedestrian zone of Rasht Municipality Square, Iran)[J].Cities, 2020(101): 102687.

[30] UTAMI I R, PUTRANTO R A, AGUSTINA I. Strengthening public service motivation with spiritual leadership: an empirical study of public organizations in East Java[J].Wiga: jurnal penelitian ilmu ekonomi, 2022, 12(4): 338–351.

[31] WENDEL S.Designing for behavior change: applying psychology and behavioral economics[M].Sebastopol: O'Reilly Media, 2020.

[32] SHEIKH M S, PENG Y. A comprehensive review on traffic control modeling for obtaining sustainable objectives in a freeway traffic environment[J]. Journal of advanced transportation, 2022, 2022(1): 1012206.

[33] ZHOU S, JIA N.The application of psychology in the design and research of cultural and creative products[J].International journal of education and humanities, 2023, 9(1): 194–198.

[34] WRIGHT T.Visual impact: culture and the meaning of images[M].London: Taylor & Francis, 2024.

[35] RASHDAN W, ASHOUR A F. Heritage–inspired strategies in interior design: balancing critical regionalism and reflexive modernism for identity preservation[J]. Heritage, 2024, 7(12): 2571–9408.

[36] KHANDAN P, REZAEI H. A strategic attitude to architectural design with a culture–based psychological approach (case study: public spaces in Kermanshah)[J]. Quality &

quantity, 2023, 57(3): 2383-2408.

[37] TASSINARI V, VERGANI F, FERRERI V. Co-designing neighbourhood identities: How To share memories and experiences towards a common sense of belonging[J]. CONNECTIVITY, 2023:538.

[38] POOLEY J A, O'CONNOR M. Environmental education and attitudes. emotions and beliefs are what is needed[J]. Environment and behavior, 2000, 32(5): 711-723.

[39] BORTHWICK M, TOMITSCH M, GAUGHWIN M. From human-centred to life-centred design: considering environmental and ethical concerns in the design of interactive products[J]. Journal of responsible technology, 2022(10): 100032.

[40] PANG H, ZHANG K. Determining influence of service quality on user identification, belongingness, and satisfaction on mobile social media: insight from emotional attachment perspective[J]. Journal of retailing and consumer services, 2024(77): 103688.

[41] SOARES F, MADUREIRA A, PAGES A, et al. Feedback: an ICT-based platform to increase energy efficiency through buildings' consumer engagement[J]. Energies, 2021, 14(6): 1524.

[42] IWUANYANWU O, GIL-OZOUDEH I, OKWANDU A C, et al. Cultural and social dimensions of green architecture: designing for sustainability and community well-being[J]. International journal of applied research in social sciences, 2024, 6(8): 1951-1968.

[43] HAN D I D, BERGS Y, MOORHOUSE N. Virtual reality consumer experience escapes: preparing for the metaverse[J]. Virtual reality, 2022, 26(4): 1443-1458.

[44] PARAMESHA M, RANE N L, RANE J. Big data analytics, artificial intelligence, machine learning, internet of things, and blockchain for enhanced business intelligence[J]. Partners universal multidisciplinary research journal, 2024, 1(2): 110-133.

[45] STIGE Å, ZAMANI E D, MIKALEF P, et al. Artificial intelligence (AI) for user experience (UX) design: a systematic literature review and future research agenda[J]. Information technology & people, 2024, 37(6): 2324-2352.

[46] PENG J. How did that interactive make you feel? towards a framework for evaluating the emotional and sensory experience of next generation in-gallery technology[D]. Leicester: University of Leicester, 2021.

[47] HASLAM S A, MCGARTY C, CRUWYS T, et al. Research methods and statistics in psychology[M].London: SAGE Publications Limited, 2024.

[48] ALKHOMSAN M N, BASLYMAN M, ALSHAYEB M. Eliciting and modeling emotional requirements: a systematic mapping review[J]. PeerJ computer science, 2024（10）: e1782.

[49] 赵莹，林家惠，刘逸. 基于眼动实验的旅游地景观视觉评价研究：以珠海市唐家古镇为例[J]. 人文地理，2020，35（5）：130-140.

附　录

附录 1　设计心理学重要理论与模型汇总

设计心理学以用户行为与心理为研究核心，其理论与模型为设计实践提供了重要的指导框架。以下是一些经典理论与模型的概述，以及其在设计中的应用。

1. 情感设计三层次理论

提出者：唐纳德·诺曼（Donald Norman）。

理论核心：情感设计包含三个层次：本能层次（visceral）、行为层次（behavioral）和反思层次（reflective）。

本能层次：关注用户对设计的初步感知和情感反应，如视觉吸引力和触觉体验。

行为层次：涉及用户与设计对象的交互体验，包括功能性、易用性和效率。

反思层次：关注设计对用户长期情感的影响，如品牌认同和情感联结。

应用案例：苹果公司的产品设计通过简约外观吸引用户（本能层次）、直观交互提升用户体验（行为层次）、构建品牌忠诚度（反思层次），实现情感与功能的完美结合。

2. 双加工理论

提出者：丹尼尔·卡尼曼（Daniel Kahneman）等。

理论核心：人类认知包含两个加工系统：系统1（快速思维）和系统2（慢速思维）。

系统1（快速思维）：自动化、直觉性反应，适用于快速决策。

系统2（慢速思维）：逻辑化、分析性思考，适用于解决复杂问题。

应用案例：在界面设计中，通过简洁的布局和清晰的视觉层级（系统1），帮助用户快速完成常规操作，同时提供高级设置或帮助功能支持深度交互（系统2）。

3. 视觉注意力模型

提出者：安妮·特雷斯曼（Anne Treisman）等。

理论核心：视觉注意力的分配依赖于用户对场景中信息的显著性和认知需求。设计可以通过颜色、大小、位置等视觉元素来吸引用户的注意力。

应用案例：在电商网站的产品页面设计中，设计师可以使用显著的色块和字体突出"购买"按钮，引导用户快速完成购买流程。

4. 用户体验要素模型

提出者：杰西·詹姆斯·加勒特（Jesse James Garrett）。

理论核心：用户体验设计由五个层次构成：战略、范围、结构、框架和表现。这一模型强调从目标需求到视觉实现的系统化设计过程。

战略层：定义用户需求和设计目标。

范围层：确定功能和内容范围。

结构层：设计信息架构和交互流程。

框架层：定义界面布局和交互细节。

表现层：通过感官实现设计目标。

应用案例：在移动应用开发中，利用用户体验要素模型从用户需求调研到界面视觉实现，确保产品功能性与用户体验的统一。

5. 可用性启发式评估

提出者：雅各布·尼尔森（Jakob Nielsen）。

理论核心：设计应遵循 10 项可用性启发式原则，如用户控制、错误预防、一致性等。这些原则为评估界面可用性提供了框架。

应用案例：在银行 ATM 界面设计中，通过一致性和直观操作（如统一布局和简化按钮），减少用户操作错误，提高用户满意度。

6. Fitts 法则

提出者：保罗·费茨（Paul Fitts）。

理论核心：操作目标的距离与大小决定了用户完成交互的时间。目标越大、越近，操作越快。

应用案例：在移动设备设计中，将常用按钮放置在屏幕底部，并设计为更大的可点击区域，便于用户单手操作。

7. 信息处理理论

提出者：乔治·米勒（George Miller）等。

理论核心：用户在处理信息时有容量限制，短时记忆通常限制为"7±2"个信息单位。设计应减轻用户的记忆负担，通过分组或视觉提示提高用户的信息处理效率。

应用案例：导航菜单设计中，将选项分为几个逻辑分组，避免用户在过多选项中迷失。

8. 亲近效应与远离效应

提出者：格式塔心理学派（gestalt psychology）。

理论核心：相邻的视觉元素更容易被用户视为整体，分离的元素则更容易被区别对待。

应用案例：在新闻网站设计中，将同一文章的标题、图片和摘要相邻排列，帮助用户快速识别信息单元。

9. 行为经济学理论

提出者：理查德·塞勒（Richard Thaler）等。

理论核心：人类的决策行为往往受到非理性因素的影响，如心理偏差、社会规范和默认选项。设计可通过行为驱动策略引导用户选择。

应用案例：在健康管理应用中，通过默认开启步数记录功能，鼓励用户保持健康习惯。

10. 环境心理学模型

提出者：罗杰·巴克（Roger Barker）等。

理论核心：环境对人类行为和情绪有显著影响，设计应注重光线、色彩、材质和空间布局等因素对用户心理的作用。

应用案例：在医院候诊室设计中，使用柔和灯光、暖色调和自然元素，可减轻患者的焦虑情绪。

设计心理学的重要理论与模型为用户研究和设计实践提供了系统的框架和科学依据。这些理论涵盖用户感知、情感、行为和决策等多个维度，帮助设计师以用户为中心优化产品与服务体验。通过理论与实践的结合，设计心理学将继续推动设计领域的创新与发展。

附录 2　推荐阅读文献与资源

为了更深入地学习和应用设计心理学，本附录整理了一系列经典书籍、学术论文、在线资源及工具，涵盖理论基础、实践应用和最新研究动态。这些资源为设计师、研究者及学生提供了全面的知识支持。

1. 经典书籍

《设计心理学》（*The Design of Everyday Things*）

作者：唐纳德·A.诺曼（Donald A. Norman）。

内容简介：本书被誉为设计心理学的经典之作，从用户行为和心理角度解析设计原则，强调以用户为中心的设计理念，适合所有设计领域的从业者阅读。

《情感化设计》（*Emotional Design*）

作者：唐纳德·A.诺曼（Donald A. Norman）。

内容简介：本书通过探讨设计与情感的关系，提出了情感设计三层次理论。书中提供了大量案例，帮助设计师理解情感在用户体验中的重要性。

《用户体验要素：以用户为中心的产品设计》（*The Elements of User Experience：User-Centered Design for the Web and Beyond*）

作者：杰西·詹姆斯·加勒特（Jesse James Garrett）。

内容简介：从战略层到表现层，系统讲解用户体验设计的五大要素，适合用户体验设计初学者和专业人士阅读。

《设计中的心理学》（*Universal Principles of Design*）

作者：威廉·立德威尔（William Lidwell），克里蒂娜·霍顿（Kritina Holden），吉尔·巴特勒（Jill Butler）。

内容简介：书中总结了125条设计原则，涵盖感知、记忆、行为和情感等心理学领域，提供了大量实际案例和应用建议。

《行为设计学》（*Behavioral Design Studies*）

作者：理查德·H.塞勒（Richard H. Thaler），凯斯·R.桑斯坦（Cass R. Sunstein）。

内容简介：本书以行为经济学为基础，分析如何通过设计引导用户决策，广泛应用于公共政策、商业和用户体验设计。

《工程和设计中的人因学》（*Human Factors in Engineering and Design*）

作者：马克·S. 桑德斯（Mark S. Sanders），欧内斯特·J. 麦科密克（Ernest J. McCormick）。

内容简介：本书全面介绍了工程和设计中的人机交互和用户行为分析，适用于产品设计和环境设计领域。

2. 在线资源

Interaction Design Foundation（https://www.interaction-design.org）

内容简介：提供用户体验设计、交互设计和设计心理学的免费和付费课程，适合不同水平的学习者。

Nielsen Norman Group（https://www.nngroup.com）

内容简介：全球顶尖的用户体验研究与咨询机构，定期发布可用性测试研究和设计心理学的文章。

Smashing Magazine（https://www.smashingmagazine.com）

内容简介：涵盖设计、用户体验和前沿技术的综合性资源平台。

Design Kit by IDEO（https://www.designkit.org）

内容简介：专注于人本设计思维的方法和案例分享，为设计实践提供实用工具。

3. 工具与软件

Eye-tracking Systems

工具：Tobii Pro。

用途：用于研究用户的视觉注意力，广泛应用于用户体验设计和广告测试。

数据分析与统计工具

工具：SPSS、R 语言、Python。

用途：用于设计心理学研究中的数据分析和建模。

用户测试平台

工具：UserTesting、Lookback。

用途：用于在线用户行为测试与分析，帮助设计师快速验证设计效果。

原型设计工具

工具：Figma、Sketch、Adobe XD。

用途：可以快速创建和测试用户界面原型，应用于交互设计和用户体验研究。

上述文献与资源为设计心理学的学习和实践提供了多角度的支持。从理论到实践，从经典书籍到最新研究，这些资料可帮助设计师和研究者更深入地理解用户行为和心理需求，为设计实践提供科学的指导。同时，在线资源和工具的整合应用，使设计过程更加高效和精准，为用户创造最佳体验提供强大助力。

附录3　专业术语与定义索引

本附录汇总了设计心理学领域中的核心术语及其定义，可帮助读者更好地理解相关概念并将其应用于实践。

A

1. 可用性

可用性指用户在使用产品或系统时的效率、效能和满意度。

示例：界面设计中的按钮布局是否便于用户快速操作。

2. 注意力分配

注意力分配描述用户如何在复杂场景中选择性地聚焦某些信息，同时忽略其他信息。

示例：在网页设计中，通过颜色和字体大小来突出关键信息。

B

1. 行为驱动设计

行为驱动设计通过分析和理解用户的行为模式，驱动设计策略的制定。

示例：健康应用通过步数目标激励用户每日步行。

2. 本能层次

本能层次是情感设计的第一个层次，涉及用户对设计的初步感官反应，如色彩和形状。

示例：苹果产品的极简外观设计让用户在视觉上产生愉悦感。

C

1. 认知负荷

认知负荷指用户在完成任务时所需的认知资源量。设计应尽量降低用户的认知负荷，以提升体验。

示例：简洁明了的菜单设计可以降低用户在点餐时的认知负荷。

2. 文化符号

文化符号反映特定文化价值观和习惯的视觉或功能元素。

示例：传统中式建筑中的斗拱象征稳定与历史传承。

D

1. 设计情感化

设计情感化是将情感元素融入设计，通过满足用户的情感需求来增强产品价值。

示例：一款游戏的卡通角色设计唤起用户的愉悦情感。

2. 视觉显著性

视觉显著性是指视觉元素的吸引力和突出程度，用于引导用户的注意力。

示例：在电商网站中利用红色"购买"按钮吸引用户点击。

E

1. 生态设计

生态设计是关注可持续性和生态系统平衡的设计方法。

示例：绿色屋顶通过植物覆盖减少城市热岛效应。

2. 体验映射

体验映射通过可视化工具记录用户与产品或服务的互动过程，识别痛点并加以解决。

示例：记录用户在机场的安检流程，优化排队体验。

F

游戏化设计

游戏化设计通过引入游戏机制来增强用户的参与感和动力。

示例：学习应用通过徽章奖励机制激励用户完成任务。

G

人机交互

人机交互研究用户与计算机系统之间的交互过程，旨在优化交互体验。

示例：语音助手通过语音识别技术提升用户的交互效率。

H

1. 信息架构

信息架构是设计和组织信息内容的结构，使用户能够快速找到所需信息。

示例：在电商网站中合理分类商品，以便用户快速查找。

2. 沉浸式体验

沉浸式体验是用户全身心参与的体验，通过视觉、听觉、触觉等感官全面感知设计内容。

示例：虚拟现实设备提供的沉浸式博物馆游览。

I

1. 情感归属感

情感归属感是用户在设计中感受到与环境或产品的情感联结。

示例：社区花园的设计使居民产生归属感和自豪感。

2. 用户旅程

用户旅程是用户在使用产品或服务过程中的完整体验路径。

示例：记录用户从下载 APP 到完成第一次购买的全过程。

J

人性化设计

人性化设计是强调以人为本，满足用户情感与实际需求的设计理念。

示例：老年人手机的大字体和语音操作功能。

K

感知负荷

感知负荷指用户处理感知信息时的心理负担。

示例：在信息密集的界面中，通过分组和层次设计来降低用户的感知负荷。